飞手是怎样炼成的

从精灵3、御2到悟2，我的无人机航拍成长史

唐及科得◎著

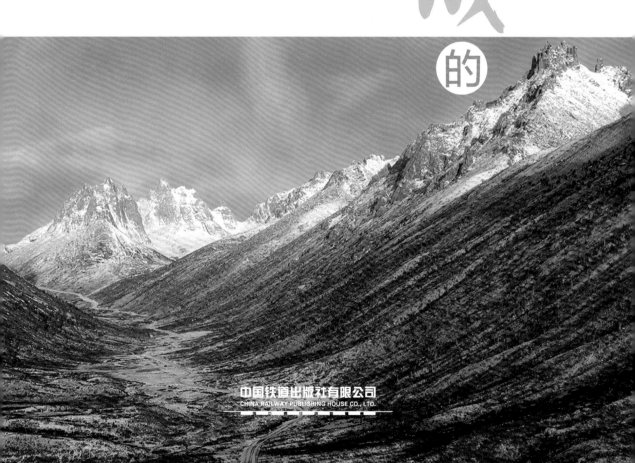

中国铁道出版社有限公司
CHINA RAILWAY PUBLISHING HOUSE CO., LTD.

内 容 简 介

本书共分为18个专题，前面3个专题详细介绍了无人机的入门知识，包括购买验货、防炸技术以及DJI GO 4 App的基本操作；中间12个专题介绍了航拍案例实战，以各航拍素材分类，如城市建筑、公园风景、风光人像、延绵山脉、湖面和海面、岛屿风光、雪域高原、沙漠风景等；最后3个专题主要讲解照片与视频的后期处理技术，作者对金奖作品《前行》进行了前期与后期的实战讲解，读者学习后可以举一反三，创作出更多的优秀作品。

本书适合以下人群：一是由爱好玩无人机转向学摄影的人；二是由爱好摄影转向玩无人机航拍的人；三是由于工作需要，想深入学习航拍照片和视频的记者、摄影师等。本书还可作为无人机航空摄影类课程的教材或学习辅导用书。

图书在版编目（CIP）数据

飞手是怎样炼成的，从精灵3、御2到悟2，我的无人机航拍成长史/唐及科得著.—北京：中国铁道出版社有限公司，2020.6

ISBN 978-7-113-26566-3

Ⅰ.①飞… Ⅱ.①唐… Ⅲ.①无人驾驶飞机－航空摄影 Ⅳ.①TB869

中国版本图书馆CIP数据核字（2020）第016578号

书　　名：飞手是怎样炼成的，从精灵3、御2到悟2，我的无人机航拍成长史
作　　者：唐及科得

责任编辑：张亚慧　　　　　　　　　　读者热线电话：010-63560056
责任印制：赵星辰　　　　　　　　　　封面设计：宿　萌

出版发行：中国铁道出版社有限公司（100054，北京市西城区右安门西街8号）
印　　刷：北京米开朗优威印刷有限责任公司
版　　次：2020年6月第1版　　2020年6月第1次印刷
开　　本：787 mm×1 092 mm　1/16　印张：19.75　字数：512千
书　　号：ISBN 978-7-113-26566-3
定　　价：128.00元

刘建峰 |《战狼 2》《好先生》航拍导演，河南省航拍协会秘书长，河南电影电视艺术中心导师
荣获 2017 中国国际旅游航拍大赛视频和摄影单元双项金奖，中国最早进入无人机航拍领域的摄影人

现在无人机的使用越来越普及，各大影视圈、商业圈、广告圈都开始使用无人机来摄影、摄像，拍摄纪录片，无人机摄影也越来越成为优秀摄影师的必备技能之一。作者的这本书，详细介绍了多种无人机航拍技能与飞行手法，是一本非常不错的无人机摄影教程。

宋谷淳 | 中国摄影家协会会员，深圳市无人机航拍协会会长，广东省摄影家协会航拍委员会副主任，
首届世界无人机锦标赛航拍大赛评委，海峡两岸暨港澳地区无人机航拍创作大赛两届评委

本书作者唐及科得，曾荣获 2018 年第二届海峡两岸暨港澳无人机航拍创作大赛金奖，作品非常不错，这本书的最后一章内容也详细讲解了金奖作品《前行》的前期拍摄与后期处理技巧，相信大家能从中学到很多航拍技能！

静言 | 视觉中国签约摄影师，500PX 特约点评人，中国著作权协会会员，广东省青年摄影家协会会员，
500PX 社区 2017 年十大热门摄影师，航拍联盟部落首领

唐及科得用他的航拍作品，展示了他的热爱与优秀，用他的经验和航拍技术，为大家荟萃成了这本优秀的航拍教程。无论是他的作品，还是他丰富的航拍历程，都有值得你学习的地方，这本书的内容丰富、技术全面，本人强烈推荐。

王建军 | 大疆全球首位视觉艺术家

新技术的运用给我们带来了新的观念以及新的视觉，给我们带来了更多的视觉可能。

郭际 | 中国摄影家协会会员，四川省摄影家协会副主席，深圳企业摄影家协会副主席，荣获第十一届中国摄影金像奖，中国艺术摄影学会 2016 "金路奖"，出版《天鹅诗篇》《随影而行》等摄影作品

《飞手是怎样炼成的》一书中，沉淀了作者多年的理论与实践经验，能给航拍初学者和具有一定技能的专业摄影人士带来技术和艺术指导，希望作者能用他丰富的航拍经验和方法，开启你的无人机摄影之路！

王源宗 | 8KRAW 创始人，《绚丽中国》延时摄影大赛二等奖，可可西里申遗纪录片摄影师

很多人想进入无人机的摄影领域却苦于无门，很多人买了无人机设备却不敢飞，很多人起飞了无人机却拍不出优秀的作品。如果你在飞行无人机的时候，也遇到了这些难题，建议你阅读这本书，作者的炸机经验与丰富的飞行经验，能降低你的飞行风险，让你快速航拍出绝美的风光大片。

Ling 神（陈雅）| 8KRAW 创始人，影像村联合创始人，足迹遍布全球六大洲 50 多个国家和地区

这本书基本包含了你使用无人机的过程中所需要知道的一切，从开箱、验货、起飞，到无人机的各种防炸技术，再到各种场景的飞行与航拍技巧，以及照片与视频的后期处理技术，应有尽有。无论你是小白，还是初入航拍的摄影师，都能通过此书快速拍出优秀的作品。

Thomas 看看世界 | 2019 国家地理全球总冠军，户外风光摄影师，《风光摄影后期基础》作者

现在大部分的摄影师，都已经开始使用无人机航拍风光作品，这本书从新手入门、航拍实战、后期处理三条线，全面、详细地介绍了无人机的使用与飞行技巧，让你不再惧怕高空飞行，不再有炸机的担忧，轻轻松松拍出理想的航空大片，是一本值得拥有的无人机教材。

严磊 | 视觉中国签约摄影师，视觉中国 500PX 中国爬楼联盟部落创办人

随着大疆无人机产业的越来越成熟，无人机拍摄的分辨率也越来越高，航拍出来的作品也越来越夺人眼球，作者本人有着非常丰富的航拍经验，是一位非常好的无人机入门导师，本书内容全面、图片案例丰富，能让你在轻松、快乐的氛围下快速掌握无人机的航拍技术，我推荐这本书！

序

李白在《蜀道难》中有云：蜀道之难，难于上青天。因为无人机的普及，有史以来人们从未像今天一样，如此轻易地就能"上青天"，从俯瞰的视角，欣赏祖国的大好河山，如此轻易地就获取了极致的风光。

我，唐及科得[1]，一名标准的理工男，生于乐山，成长于眉山，土生土长、无辣不欢的四川人，毕业于武汉科技大学电子信息工程系，2019 年辞职前就职于四川广电网络公司，在单位一待就是 6 年，对旅行和摄影的狂热爱好，让我从爱好者到兼职摄影师，再到现在的全职摄影师，全心全意做一名航拍旅行家。

2016 年，我入手了第一台无人机，大疆精灵 3A，那时我才发现拍摄视频是如此有意思的一件事情，于是开始在网上自学影视方面的各种知识。从拍摄到后期，一边拍一边学，由于当时还在单位，只能利用下班时间以及周末节假日，带着无人机和相机，在女友的陪同下，前往四川的各处大山，甚至海拔 5000 米的地带，耗费无数精力，留下了将来必定珍藏一生的影像。越拍越爱，越爱越拍。

从精灵 3 开始，到精灵 4，Mavic Pro，悟 1，悟 2，Mavic 2 Pro，大疆创新无人机产品迭代更新的历史，也是我的 3 年航拍成长史。

从一开始在大疆社区发帖，积累人气的同时，也得到了一些和厂家合作的机会，并且认识了很多全国各地的飞友，慢慢地开始在各大媒体平台、公众号、微博等社交领域发布自己的航拍作品，逐渐被认可的同时，也在不断地学习进步，成为了大疆创新天空之城、视觉中国、航拍四川、索尼中国等的签约摄影师，并且在 2018 年海峡两岸全国无人机大赛中夺得冠军。一路走来，只觉得自己很幸运。

很多新入"坑"的飞友，最关心两点，一是怎么飞安全，二是怎么拍出好看的片子。我在这几年的时间里，有"炸机"的经历，也有拍到各种大片的经验，对此在书中都会很详尽地进行介绍。当然，大家在学习理论知识的同时也要结合实际练习，这样才能有更快的提升和进步。

---

[1] 唐及科得为本书作者微博认证名。

本书包括三大篇幅内容，涵盖了 18 个专题精讲，具有以下四大特色。

① 全面解析，防"炸"技术：本书共讲解了 31 招无人机的防"炸"技术，通过 31 个"炸机"案例，向读者全面解析无人机的"炸机"场景，帮助读者提前规避"炸机"风险，降低损失。

② 飞行手法，招招干货：本书全面介绍了 42 种无人机的航拍飞行手法，如简单飞行手法、智能飞行手法、视频拍摄手法、俯拍镜头等，帮助读者快速成为一名合格的航拍师。

③ 场景为线，领域丰富：本书包括 12 种常见的拍摄场景，涉及类型广泛，如城市、公园、人像、山脉、湖海、雪域高原、动物、沙漠、桥梁、夜景等，做到"人无我有，人有我优。"

④ 实拍分享，作者亲历：书中的每一张照片，均为本人实拍（除特别说明外），每一招、每一式，皆是心得分享，如果你有不懂的，欢迎沟通交流。

基础的摄影能力已经成为现代社会中人手必备的技能之一，航拍又会为你的旅行和摄影增光添彩。加油吧，飞手们！愿你们遨游天际，永远诗情画意。

唐及科得

2019 年 12 月

　　航拍被越来越多的摄影师喜爱，他们都想以俯视的视角来欣赏这个世界的美景，这种稀缺的"上帝"视角，足以刷爆你的朋友圈。正因为如此，我就想策划一本无人机航拍教程来帮助更多的摄影爱好者入门无人机航拍领域，拍下更多的世间美景。

　　我是龙飞，本书的策划者，也是一位畅销书作家，还是一位资深摄影师，我自己也出版过十多本摄影教材，这几年偏爱于航拍，这种以"上帝"的独特视角拍下的美景特别吸引我，为了给读者奉献一本质量更优、效果更佳的航拍摄影书籍，我特意找到唐及科得合作，精诚出版一本优秀的航拍教程。

　　唐及科得是一位非常优秀的航拍摄影师，不仅人长得帅气，与其漂亮的爱人更是一对神仙眷侣。本书中许多迷人、感人的人像航拍照片，其主角就是这位网友号称"川西狗粮王"的飞手与其妻子。

　　唐及科得让我印象深刻的，不仅在于他是大疆天空之城认证的摄影师、《航拍四川》的摄影师，还在于他获得了 2018 年海峡两岸无人机航拍大赛的冠军。俗话说："台上一分钟，台下十年功。"一次获奖的表面其实归功于无数次背后辛勤的努力，这不仅需要他之前拍摄海量素材的积累，还需要他因地制宜拍出的特色视频，两者结合呈现更是需要其过硬的拍摄技术、后期功底和超凡的创意想象。

　　这些年他航拍了许多精美的照片与视频，每一张照片、每一段视频都极具魅力，是他一路的积累与奉献。书中的每一张精美的照片，都是他亲手拍摄的原创作品（除特别说明外），大家可以随着唐及科得的视角，好好感受一下航拍的魅力及祖国的美好山河。

　　大疆是目前世界范围内航拍平台的领先者，先后研发了不同的无人机系列，几乎每一款产品都十分受到航拍爱好者的青睐。而本书的作者唐及科得，从精灵 3 开始，到精灵 4，Mavic Pro，悟 1，悟 2，Mavic 2 Pro，一路见证了大疆无人机产品的迭代更新，有着非常丰富的航拍与实战经验。本书也是以大疆无人机为例来进行技术讲解的。

　　我也是一位航拍爱好者，懂得航拍新人遇到的所有难题，其大致分为以下4 种：

　　一、怕"炸机"。刚开始学习航拍的时候，新手最怕的就是"炸机"，不懂得如何才能安全地飞行，而本书作者唐及科得为大家讲解了 31 种"炸机"

情景，以案例的方式一一展现，包含了其多年的防"炸"技术，全部倾囊相授，让大家学有所得。

二、不会飞。很多新手不知道如何飞行无人机，不懂得飞行手法，更不知道如何培养左手和右手同时操作的默契度，唐及科得为大家深度讲解了 42 种航拍飞行手法，让你的无人机在空中自由飞行，想怎么飞就怎么飞。

三、拍不好。航拍新手还担心自己拍不出好照片，而唐及科得解决了大家不会拍的问题，书中有 12 个航拍专题，包括城市建筑、公园风景、风光人像、延绵山脉、岛屿风光、日出日落、雪域高原、沙漠风景等，涉及大家常见的拍摄场景，结合书中 16 个经典航拍构图技法，帮助大家轻松拍出壮丽的山河美景。

四、不会后期。一张精美的照片，不仅需要前期的构图取景技巧，还需要结合相应的后期处理技术，本书最后 3 章详细介绍了照片与视频的后期处理技巧，唐及科得还对金奖作品《前行》进行了前期与后期的技术解析，通过大量案例讲解，可以让大家深入、细致地学习后期知识，保证学习效果，能在朋友圈晒出"美美的"航拍作品。

要想拍出美美的照片，学习专业摄影构图会让你如虎添翼。我有另外一个网名叫"构图君"，我曾总结、梳理和创新了 300 多种构图技巧，有 800 多篇原创摄影文章，在公众号"手机摄影构图大全"中进行过分享，这些构图方法其实对于手机摄影、单反摄影以及无人机航拍，都是通用的。学会了构图技巧，拍摄设备只是你的工具，无论以后你是用手机、单反相机，还是用无人机拍摄，都能融会贯通，举一反三，拍出更多、更美的大片！

最后，祝大家学习愉快，学有所成。下面是我的微信号和公众号二维码，想深入沟通和交流的摄友可以扫描关注。

个人微信号

构图大全公众号

龙飞
长沙市摄影家协会会员
湖南省摄影家协会会员
湖南省青年摄影家协会会员
湖南省作家协会会员，图书策划人
京东、千聊摄影直播讲师，湖南卫视摄影讲师
2019 年 12 月

目 录

C O N T E N T S

【新手入门篇】

【 航拍实战篇 】

第 4 章　航拍城市建筑：学会起飞与简单飞行　　　　　　73

第 5 章　航拍公园风景：用不一样的视角来飞拍　　　　　　91

【后期处理篇】

技术点索引目录

| 第1章 |

买机验收：
无人机的选购与激活技巧

很多刚入行的新手经常会问我："有什么好的无人机推荐？哪款无人机适合我？"其实，每一款无人机都有它的特点，而且根据自己的需求不同，选购方式也不相同，还要看看自己的预算有多少。本章主要介绍选购无人机、验收并激活无人机的方法，大家可以根据我的思路来选购无人机，找到一款真正适合自己的无人机。

- 辞职创业，带着爱人全球旅行
- 谈谈我的无人机航拍成长史
- 现在哪款无人机最受大众喜爱
- 怎样选择一款合适的无人机
- 熟知无人机有哪些物品清单
- 开箱检查无人机的 5 个方面
- 安装电池、桨叶，开启无人机
- 首次连接飞行器，需要激活无人机
- 起飞前先认识这些配件功能

1.1 辞职创业，带着爱人全球旅行

我是四川眉山的唐及科得，2019 年 2 月从国企辞职。是什么原因让我下定决心的呢？大家接着往下看。我对自己的定位是一位旅行摄影爱好者，唐及科得是我的网名，还有一个大家都熟悉的绰号"川西狗粮王"，这个绰号似乎比本人的网名名气更大，大家想知道这背后有什么来历吗？

关于网名，因为我爱人姓"唐"，所以我把我们两个人的名字做了一个合体，叫唐及科得。我是四川人，拍摄的内容最多的就是川西高原的风光，很漂亮，爱人负责后期剪辑兼任女主角，所以风光和"狗粮"总是有的。如图 1-1 所示为笔者和爱人在川西高原拍摄的风光情侣照片，绰号"川西狗粮王"也因此而得名。

图 1-1　在川西高原拍摄的风光情侣照片

大家都很羡慕我有一位志同道合、内外兼修的 soul mate（知己），我自己也觉得特别幸福，我和爱人刚开始。是因"酒"而结缘，摄影其实是我们婚后才有的共同爱好，平时我负责拍摄和调色，爱人负责剪片和偶尔当一下模特。我们在合作的时候也会有分歧，但有分歧就会有讨论，有讨论就会有进步。

2019 年 2 月，我从工作了 6 年的国企离职了，做这样的决定是希望有更多的精力投入到摄影创作中，我在大学所学专业是电子信息工程，在单位所做的工作也与通信相关，和摄影并无关系，自学摄影的初衷完全是兴趣，相信很多摄影师刚开始都是这么想的，然而它却打开了我人生的一扇新的大门。不过，尽管我辞职了，也并非只做摄影，还做一些实体商业项目和互联网项目。其实，很多摄影发烧友的梦想，并不是全职做摄影，而是靠其他方式实现财富自由以后，专心去搞创作，完全不受商业束缚，这也是我的长远规划，赚够钱，带着爱人全球旅行，如图 1-2 所示。

图 1-2　实现财务自由，带着爱人全球旅行

辞职后，我成立了自己的工作室。成立工作室是因为遇到了几个各有所长的优秀伙伴，这是人和；随着无人机航拍的普及以及短视频的盛行，视频行业的需求量增加，这是天时、地利，我们只是刚好抓住这个机会。在国企工作并没有让我感到舒适，我太爱自由，所以辞职，而且现阶段辞职对我几乎没有任何不好的影响。

对于想全职做摄影行业的朋友，找到志同道合的合作伙伴很重要，摄影相关的技术只是一部分，人际关系、商务能力和营销能力也很重要。关于摄影，除了设备和技术方面，思路和对美的定位更重要。在互联网时代，人们可以学习的资源太多了，只要用心去观察、去想、去实践，并且持续这一过程，总会有收获。工作之余我会看别人的作品，学习后期技巧并不断做练习，此时足够多的素材对我来说也很重要。

在这里，和大家回顾一下我玩摄影的经历。这要从早些年我开始玩 PS 开始，几年学习时间让我有了一定的 PS 基础，然后在 2015 年开始摸相机，最开始在网络上做电子产品的测评，2016 年接触无人机是一个重要的转折，此时我开始研究视频的制作。因为有 PS 基础，这些东西上手很快，而且本人自学能力超强，喜欢折腾。在接触无人机之前，我所有的业余时间除了喝酒，全部花在了研究拍摄和后期处理上。

2017 年至 2018 年，我和我的工作室成长极其迅速。2018 年年末，深圳的飞友远飞同学，告知我深圳会有第二届海峡两岸无人机创作大赛，我觉得可以尝试一下，于是投了初稿，入选了，然后组队前往深圳，自带 50% 的素材，深圳取景 50%，经过两天的拍摄，一天的后期处理，最终我们的作品《前行》获得了团队金奖。两万元的奖金并不算多，但被认可的感觉对未来的创作是一种莫大的鼓励。

如图 1-3 所示为获奖作品《前行》中的部分视频画面。

图 1-3　获奖作品《前行》中的部分视频画面

1.2 谈谈我的无人机航拍成长史

航拍之路始于 2016 年入手的一台精灵 3A，这是我的第一台无人机，如图 1-4 所示。

图 1-4　精灵 3A

2016 年 7 月，在眉山东坡区，使用精灵 3A 航拍的夜景照片，如图 1-5 所示，那时候的精灵 3A，采用包围曝光，能达到这个画质已经是非常不错了。

图 1-5　使用精灵 3A 航拍的夜景照片

2016 年 8 月，在泰国普吉岛，使用精灵 3A 无人机航拍的照片，如图 1-6 所示。

图 1-6　2016 年 8 月在泰国普吉岛航拍的照片

2016 年 11 月，在眉山洪雅县，使用精灵 3A 俯拍的洪雅全景，如图 1-7 所示。

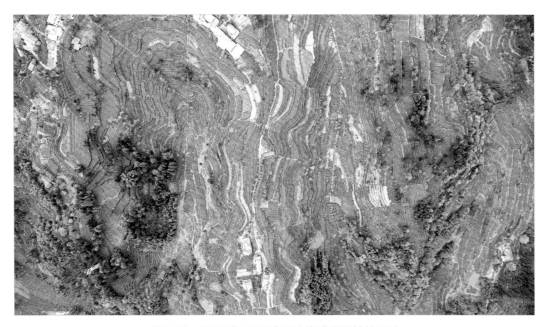

图 1-7　2016 年 11 月在眉山洪雅县航拍的照片

2016 年，我还拍摄过眉山的各大湿地公园、风景区，尽量多地去拍摄、采集素材，提升自己的飞行与拍摄技术。2016 年年底，入手了我的第二台无人机——Mavic Pro，它也是我的作品《光影四川》的主力无人机。

2017 年 1 月，在西昌邛海、云南泸沽湖，都带着爱人出行，使用 Mavic Pro 航拍了许多风光照片，这使得拍摄技术提升了不少。如图 1-8 所示为 2017 年 1 月云南泸沽湖航拍的照片。

图 1-8　2017 年 1 月在云南泸沽湖航拍的照片

2017 年 2 月，在峨眉山金顶，用 Mavic Pro 航拍的金顶风光，如图 1-9 所示。

图 1-9　2017 年 2 月在峨眉山金顶航拍的风光

2017 年 3 月，在马尔代夫港丽岛；

2017 年 4 月，在雅安四人同山；

2017 年 4 月，在四川茂县九顶山白龙池；

2017 年 5 月，在北海涠洲岛、斜阳岛；

2017 年 7 月，在眉山洪雅县，瓦屋山国家森林公园；

2017 年 8 月，在四姑娘山；

2017 年 9 月，和爱人在巴厘岛；

2017 年 10 月，在川西子梅垭口，雪山之巅；

2017 年 12 月，在贡嘎里索海；

2018 年 2 月，在达古冰川；

2018 年 2 月，又去了一趟云南泸沽湖；

2018 年 5 月，在马来西亚诗巫岛；

2018 年 8 月，在康定贡嘎山乡；

2018 年 10 月，自驾游行驶在西北旅行的路上；

2018 年 11 月，在黑水县奶子沟，拍摄川西红叶；

2019 年 5 月，在巴丹吉林沙漠进行穿越之旅。

……

这几年，去过很多地方，还有很多没有列上来。无人机设备从刚开始的精灵 3A，到
Mavic 1 Pro，再陆续到 Inspire 1 Pro、精灵 4 Pro、Inspire 2、Mavic 2 Pro，我见证了大疆
无人机的进化史，也成就了自己的航拍梦，带着爱人飞过大海、飞过雪山、飞过城市，一起
前行，记录这个世界的美好景色。家里有一间房，专门用来放置我的摄影器材，如图 1-10
所示。看到这里，大家就知道我对摄影有多么热爱了。

图 1-10　我的摄影器材

2019 年 2 月，我辞去了国企的工作，作出了全职旅拍的人生抉择。2019 年 3 月，我收到了深圳市无人机航拍协会的聘书，担任深圳市无人机航拍协会理事。

下面这篇文章是写给自己的，以此纪念我人生旅程的新篇章，如图 1-11 所示。

我不确定为什么出发

也不知将去向何方

我不安地寻找着让生命恢复意义的光芒

白天，奔向 1.5 亿公里外炙热的太阳

夜里，追逐百万光年外璀璨的星空

经过向平之原

越过蚕丛鸟道

来到巍峨的雪山下

站在广袤的天地之间

看万里山河、无限风光

感叹人生短暂、生命渺小

趋行在时间的轨迹上

我们无法预测未来

能把握的只有现在

趁着年华正好

以梦为马

去迎接最狂的风

去拥抱最静的海

在坎坷中成长

在挫折中涅槃

探索不同的世界

遇见未知的自己

在有限的生命里

创造无限的可能

从草丰林茂到冰封雪盖

从旭日东升到夕阳西下

我一步步地往前走

一次次地去远行

走过了一季又一季

漂泊了一程又一程

足迹连成手中的生命线

光影绘出岁月的变迁

每段路都有一种领悟

每一刻都值得珍藏记录

生命中的遭遇终将成为

记忆里动人的风景

于是

我不再犹豫，只求问心无愧

不再期待所谓的结果，只是坚持

通向自我的征途，才刚刚开始

旅行，也是一种信仰

我这一生都在朝圣的路上

图 1-11　纪念我人生旅程的新篇章

1.3 现在哪款无人机最受大众喜爱

　　随着航拍摄影越来越普及，无人机的品牌类型也慢慢地多了起来，比如大疆无人机、小米无人机、哈博森无人机、司马无人机、科卫泰无人机等，根据用户的需求不同，无人机的价格也不同，相对来说产品的质量也有所差异，如图 1-12 所示。

图 1-12　目前比较热门的无人机类型

　　在这些无人机当中，最受大众喜爱的是大疆无人机。笔者自己用的无人机也都是大疆的品牌，这一路也见证了大疆的不断发展，无人机的功能越来越强大，机身方面越来越便携、小巧，成像质量也越来越高。大疆有 3 个系列的无人机深受用户喜爱，即大疆"精灵"系列、大疆"御"系列和大疆"悟"系列。如图 1-13 所示为大疆"悟"系列无人机。

图 1-13　大疆"悟"系列无人机

大疆是最早研发无人机的，那么大疆的无人机有哪些特点呢？为什么如此受大众喜爱呢？下面就以大疆这 3 个系列为例，介绍每个系列的无人机的特点。

1. 大疆精灵（Phantom）系列

笔者对大疆精灵系列非常熟悉，笔者用的第一款无人机就是大疆精灵 3，大疆精灵系列包含 4 个型号，如大疆精灵 1、大疆精灵 2、大疆精灵 3、大疆精灵 4 等，不同的型号下又对产品的功能进行了区分，比如大疆精灵 3 又包含 Standard、Advanced 和 Professional，大疆做无人机非常专业，分区非常细致，旗下的无人机产品几乎能涵盖所有用户的拍摄需求。如图 1-14 所示为大疆精灵 3A 的无人机产品。

图 1-14　大疆精灵 3A 的无人机产品

下面简单介绍大疆精灵系列 4 个型号的特点。

➤ **大疆精灵 1 系列**：2012 年，大疆推出了一款到手即飞的世界首款航拍一体机"大疆精灵 Phantom 1"，一经推出，其在市场上的反响非常大，在当时来说是一款航拍能力非常不错的小型无人机，使用卫星信号定位与连接，可以搭载 GoPro 相机，但不能同步查看相机拍摄画面。

➤ **大疆精灵 2 系列**：这款无人机的电池续航功能在第一代的基础上有所提升，成像质量也提高了不少，可以搭载三轴云台，在空中可以自由旋转相机镜头，拍摄出稳定的画质。

➤ **大疆精灵 3 系列**：这款无人机的功能已经相对全面，几乎达到了专业级的水准，而且具有高清的图像传输系统，可以实时查看相机的拍摄画面，支持第一人称视角监视，通过大疆的 App 可以对相机的拍摄参数进行自定义设置，拍摄出理想的效果。

➤ **大疆精灵 4 系列**：这款无人机增强了发动机的功能，以及新增了前视感知系统，可以让无人机跟随目标飞行，还有可拆卸的螺旋桨，集成相机的配置功能更加强大，飞行时的平衡能力也更强，可实现空中高速飞行。

2. 大疆御（Mavic）系列

御系列的两款无人机 Mavic 1 Pro 和 Mavic 2 Pro，笔者都用过，便携与画质是旅行摄影控一直纠结的永恒话题，Mavic 2 Pro 的出现，把这两者的结合做到了极致，笔者亲自对两款无人机做了对比测试。Mavic 1 代和 2 代的参数对比如图 1-15 所示。大家可以仔细观察红色标注部分，这对摄影师来说是最为值得关注的点。

图 1-15　Mavic 1 代和 Mavic 2 代的参数对比

便携性决定使用率，Mavic 2 Pro 这款可以轻松装进口袋的无人机，重量只有 907 克，带着它上山下海，可谓游刃有余。在大疆入股哈苏时，笔者就期待有一天它会给大家带来惊喜，果不其然，Mavic 2 Pro 的哈苏云台相机带来的色彩，真的没有让人失望，如图 1-16 所示。

图 1-16　Mavic 2 Pro 的哈苏云台相机

Mavic 2 Pro 全方位的避障系统让普通的摄影玩家也可以无所畏惧地遨游天空。后视的精确测距范围为 0.5 ～ 16m，可探测范围为 16 ～ 32m；前双目视觉传感器，精确测距范围可达 20m，比 Mavic Pro 提升了 33%，可探测范围为 20 ～ 40m，以 50.4km/h 的速度向前高速飞行时，仍可检测障碍物并及时制动。

Mavic 2 Pro 拥有更大的 CMOS（1 英寸）、更高的像素（2000 万）以及更好的镜头，光圈 F2.8 ～ F11 可调，10bit 色深给视频后期带来了更大的处理空间，同等 ISO 下更低的噪点，还有 2.7K 60P 的升格视频和 4K 30P 的视频，拥有更快的飞行速度、更强的续航能力、更好的 1080P 图传，支持双频可以在强干扰环境下保持更稳定的图传，全向感知系统，智能延时拍摄功能堪称一绝，画质对上一代来说，完全是碾压级别的，几乎可以媲美精灵 4 Pro。

Mavic 1 Pro 和 Mavic 2 Pro 同样环境下拍摄 4K 30p 视频截图的对比如图 1-17 所示。根据图示可以看出来，无论是白天还是晚上，Mavic 2 Pro 在暗部细节、锐化程度、色彩还原上都大大超越了 Mavic 1 Pro，并且 Mavic 2 Pro 拥有最新的 Dlog-M 10bit 和 HLG 模式（前提是切换到 h.265 编码），可以带来更多细节，后期使用大疆的 Dlog-M to Rec 709 LUT 在达芬奇中可以轻松调出满意的画质。

Mavic 1 Pro 和 Mavic 2 Pro 白天的拍摄对比　　　　Mavic 1 Pro 和 Mavic 2 Pro 晚上的拍摄对比

图 1-17　Mavic 1 Pro 和 Mavic 2 Pro 拍摄画面对比

另外，Mavic 2 Pro 有一个全新的纯净夜拍模式，用户无须后期处理，即可拍摄出画面干净、噪点更低的夜景画面（仍然需要调整好拍摄参数，并且只有 jpg 格式），也就是可以让更多不会后期或者嫌后期麻烦的玩家更方便出片。

3. 大疆御（Mini）系列

大疆在 2019 年的双十一，发布了一款迷你版的小飞机，御 Mini 航拍小飞机将强大的飞行性能注入了轻小的机身中，简单的操作即可随心创作，还有丰富的个性配件。这款小飞机超级轻巧，比御 Mavic 2 Pro 还小巧，可放在手掌心里，携带方便，最主要的是价格便宜，基本售价在 3000 元左右，比御 Mavic 2 Pro 便宜很多，如图 1-18 所示。

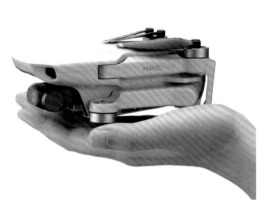

图 1-18 御 Mini 航拍小飞机

下面我们来看一下这款御 Mini 航拍小飞机的特点：

（1）携带方便。这款小飞机跟手机差不多，重量仅为 249 克，机身像御 Mavic 2 Pro 一样可以折叠，带上它不管去哪里旅游都没有重量负担，而且前往多国旅行都无须登记。

（2）操作简单。DJI Fly App 操作简单、直观，一看就会飞，App 中内置了多种航拍手法与技术，不用学操作、不用学剪辑，轻松一按就能拍出美美的大片。

（3）飞行稳定。御 Mini 的桨叶被保护罩完全包围，飞行的时候特别安全，GPS 定位系统配合下视传感器，在飞行的过程中特别稳定，能精准飞行、悬停，带来稳定的大片即视感。

（4）像素高清。三轴机械增稳云台，具有防抖功能，1200 万像素能航拍出高清的照片，还可以拍摄 2.7K 高清视频。

（5）通信续航。御 Mini 航拍小飞机的续航时间长达 30 分钟左右，与御 Mavic 2 Pro 差不多，而且还有高达 4 公里的高清图传，性能十分强大。

（6）景点打卡。通过 DJI Fly App 可以快速掌握周围的热门打卡地，帮助你轻松拍出网红景点，晒出朋友圈新高度。

4. 大疆悟（Inspire）系列

对于悟系列的两款无人机笔者也全部用过，"悟" Inspire 1 是全球首款可变形的航拍无人机飞行器，支持 4K 拍摄，该系列的无人机适合高端电影、视频创作者使用。

　　"悟" Inspire 2 相较于"悟" Inspire 1，其机体采用的是镁铝合金可变形机身，碳纤维机臂，使机身更为坚固，但在重量上更轻便，"悟" Inspire 2 最快速度高达 30 米 / 秒，0 ~ 80 公里 / 小时的加速时间仅为 4 秒，最长飞行时间为 30 分钟。"悟" Inspire 2 具有全新的前置立体视觉传感器，它可以感知前方最远 30 米的障碍物，具有自动避障功能。

　　"悟" Inspire 2 机体装有 FPV 摄像头，内置全新图像处理系统 CineCore 2.0，支持各种视频压缩格式，其动力系统也进行了全面升级，上升最大速度为 6 米 / 秒，下降最大速度为 9 米 / 秒，Inspire 2 主、从遥控器的连接距离最远可达 100 米。如图 1-19 所示为笔者使用的"悟" Inspire 2+X7 无人机。

图 1-19　笔者使用的"悟" Inspire 2+X7 无人机

1.4 怎样选择一款合适的无人机

　　无人机的品牌和类型有很多，那么应该如何选择性价比较高的无人机呢？首先，要根据我们用无人机来拍什么而定，这是用户需求。如果只是想简单地学习无人机的飞行与拍摄，那么选择一款入门级的无人机即可；如果需要使用无人机来航拍电影、电视画面，就需要高端、高画质的无人机。其次，选择什么样的无人机还要遵循一个原则：预算。你准备花多少钱来买无人机，这是比较重要的一个因素。下面以大疆无人机为例，介绍如何选择无人机。

1. 刚入门的新手，如何选择无人机

　　如果是刚入门无人机领域的新手，只想先学习一些基本的飞行技术，那么笔者推荐大疆的一款特洛 Tello 益智无人机，价格在 700 元左右。因为新手最容易"炸机"，所以可以先

买一台便宜点的无人机回来，练练手感和飞行技术，即使不小心炸机了，损失也只有几百元钱，比起上千、上万元的价格来说，就没有那么心疼了。

这台 Tello 无人机虽然价格便宜，但基本的航拍功能还是有的，比一般的玩具无人机要高级一点，使用 App 可以简单控制，快速上手，飞行距离在 100 米左右，续航时间是 13 分钟，图传像素 720P。机器内置很多智能模式，还可以搭载高画质图像处理器，这款无人机本身带防撞保护环，很耐摔，非常适合于新手用户使用，性价比很高，如图 1-20 所示。

图 1-20　特洛 Tello 益智无人机

2. 预算不高，如何选择无人机

如果你想涉足无人机航拍领域，领略不一样的航拍视角，但是自己手头的预算又不多，只有 3000 ~ 4000 元，那么笔者推荐 2017 年大疆在美国纽约推出的一款无人机，这也是大疆第一款迷你型掌上无人机——大疆"晓"Spark，价格在 3000 元左右，如图 1-21 所示。

图 1-21　大疆"晓"Spark

"晓"Spark 在外观设计方面，其大小与手掌一般，宽度约为 14cm，长度约为 16cm，轴距约 200mm；机身样式方面采用了非折叠设计，简单易用。"晓"Spark 在续航方面，相比"御"系列要弱一点，最长续航时间为 16 分钟，最远图传距离可达 2 千米。

这款无人机还引入了较多全新的功能，下面进行简单介绍。

（1）手势控制功能：无人机可识别用户手势，只需挥挥手就能实现近距离控制飞行器、拍照、让飞行器回到身边并在掌上降落等一系列操作。

（2）人脸检测功能：将大疆"晓"Spark 放置于手掌，检测到人脸后，即可解锁并从掌上起飞，升空悬停，全部准备工作能在开机后 25 秒内完成。

（3）全景及景深功能：全景模式可帮助用户将更广阔的天地收入画面中；运用景深功能，用户可对照片进行部分虚化，突出焦点，轻松创作出专业级别的浅景深作品。

专家提醒

"晓"Spark 配备 1/2.3 英寸 CMOS 传感器和专业航拍镜头，有效像素可达 1200 万，可拍摄 1080P、30fps 高清视频，抗风能力 4 级风，加持两轴机械增稳云台及 UltraSmooth 技术，并且在全新 FPV（第一人称主视角）云台模式下的最大时速为 50 公里 / 小时。

3. 有一定的航拍基础，如何选择无人机

如果用户本来就是一名摄影爱好者，有一定的航拍基础，现在想深入创作一些航拍作品，拓展自己的职业技能，并且想挑选一台成像质量比较高、功能比较全面的无人机，那么笔者推荐大疆的"精灵"系列与"御"系列。

大疆的"御"系列主打轻便、易携带等特点，起飞前和降落后，用户都可以一只手就能轻轻松松拿起无人机，摄影爱好者出去旅游时，携带也特别方便，不笨重，不耗体力。目前，"御"Mavic 2 专业版的价格在 10000 元左右，如图 1-22 所示，携带了 1 英寸的哈苏感光芯片，拍摄照片时像素会更高，夜景照片画质也更好，如果用户对价格能接受，那么这款无人机很合适。

图 1-22　大疆的"御"Mavic 2 专业版

4. 想拍电影、电视剧的用户，如何选择无人机

如果拍摄专业级的影视作品，比如拍电影、电视剧、商业广告等，这些高要求的作品就需要高配置的无人机，那么笔者推荐大疆的"悟"系列，这是一款专业级的无人机。

（1）"悟" Inspire 1：拥有高清的图传功能，4K 360° 云台相机，开启了 4K 影视航拍时代，无损 4K RAW 的视频录制功能满足了专业影视的航拍需求。

（2）"悟" Inspire 2：采用了全新影像处理平台，可录制 5.2K CinemaDNG/RAW 和 Apple ProRes 视频，动力系统全面提升，飞行速度可高达 108 公里 / 小时，能轻松应对低温环境，极大地拓展了创作空间。

现在，"悟" Inspire 1 的价格为 20000 元左右，如图 1-23 所示，"悟" Inspire 2 的价格为 60000 元左右，价格虽贵，功能却十分强大，即使弱光环境下拍摄画质也能达到不错的效果，很多专业航拍电影、商业广告的用户，都拥有一台"悟" Inspire 2。所以，如果你是专业的影视界人员，就需要一台高配置的无人机，这样出来的片子才能达到理想的画质效果。

图 1-23 大疆的"悟" Inspire 1

 熟知无人机有哪些物品清单

经过前面章节内容的学习之后，我们应该知道自己想要一款什么样的无人机了，在购买无人机之前，一定要熟知你所购买的这款无人机有哪些物品清单，方便自己验货的时候一一核对，以免少了一些配件又需要自己重新花时间购买、重新与商家沟通，就会非常麻烦。

以大疆"悟"Inspire 2 版无人机为例，介绍官方标配的物品清单如下。

➤ 飞行器：1 个；

➤ 遥控器：1 个；

➤ 螺旋桨：4 对；

➤ 智能飞行电池：两块；

➤ 充电器：1 个；

➤ 充电管家：1 个；

➤ 电源线：1 根；

➤ 双 A 口 USB 线：1 根；

➤ Micro SD 卡（16GB）：1 张；

➤ 视觉标定板：1 块；

➤ 云台减震球：1 个；

➤ 快拆桨桨座套件：2 个；

➤ 外包装箱：1 个；

➤ 电池保温贴纸：4 张；

➤ 使用说明书：4 份，包括《物品清单》《快速入门指南》《免责声明和安全操作指引》《智能飞行电池安全使用指引》。

用户在核对物品清单的时候，如果发现缺失了某些物品，一定要及时与大疆客服或者当地代理商联系。如果用户是在线下代理商处购买的无人机，那么这些物品清单就非常重要了，用户拿到无人机的第一件事就是核对物品清单，确认物品完整之后再试机。

上述只是以大疆"悟"Inspire 2 版无人机为例进行讲解的，如果用户购买的是大疆"御"系列的无人机，那么可以先在官网上查找无人机的物品配件清单，购买时再一一核对。

1.6 开箱检查无人机的 5 个方面

用户拿到无人机的第一件事是核对物品清单，第二件事是检查无人机各设备器材是否能正确使用，是否有破损或裂痕。如图 1-24 所示为笔者拍摄的大疆 Mavic 2 Pro 的开箱照片，将设备整齐地摆在桌面，然后一一核对、检查。

图 1-24　无人机的开箱检查

开箱检查后，如果无人机的物品清单中的配件没有缺少，那么接下来需要检查如下设备是否正常，排除安全隐患。

➤ 机身：检查无人机的机身是否完好，是否有裂痕，机身上的螺丝是否有松动的情况。

➤ 桨叶：检查桨叶的外观是否有弯折、破损、裂痕等情况。

➤ 遥控器：检查遥控器的天线是否完好，摇杆是否能正常安装到遥控器上。

➤ 云台：检查云台保护罩是否完好，云台相机的镜片上是否有划痕。

➤ 电池：电池的外观是否完好，是否有鼓胀或变形。

检查无人机的时候，如果有配件破损或机器功能不正常的情况，则要及时与商家或大疆客服联系。千万不要觉得一点小毛病就算了，因为小毛病会为以后的飞行埋下很大的安全隐患，指不定什么时候飞行就会出故障。

安装电池、桨叶，开启无人机

开箱检查好无人机之后，就可以开始展开无人机的机臂，然后安装电池、桨叶等，接下来即可开始无人机试机。下面介绍安装电池、桨叶以及开启无人机的方法。

1. 安装电池

以大疆"御"Mavic 2 Pro 无人机为例，介绍电池的安装方法。首先，展开无人机的机臂，先将无人机的前臂展开，往外展开前臂的时候，动作一定要轻，太过用力可能会掰断无人机的前臂，用同样的方法将无人机的另一只前臂展开，如图 1-25 所示。通过往下旋转展开的方式，展开无人机的后臂，如图 1-26 所示。

图 1-25　展开无人机的前臂　　　　　　　　图 1-26　展开无人机的后臂

　　将电池正确放入电池卡槽中，按下电池两边的卡扣，如图 1-27 所示。按下卡扣后，继续往下按紧电池，使电池与机身之间没有大的缝隙，表示电池已卡紧，如图 1-28 所示。

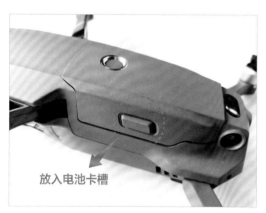

图 1-27　按下电池两边的卡扣　　　　　　　　图 1-28　卡紧电池没有大的缝隙

专家提醒

用户首次使用无人机时，需要给智能飞行电池充电，以激活电池，再将电池安装到无人机的机身上，没有激活的电池不可用。

2. 安装桨叶

　　以大疆"御"Mavic 2 Pro 无人机为例，介绍桨叶的安装方法。桨帽分为两种：一种是带白色圆圈标记的螺旋桨；另一种是不带白色圆圈标记的螺旋桨。将带白色圆圈的螺旋桨安装至带白色标记的安装座上，如图 1-29 所示；不带白色圆圈的螺旋桨安装至不带白色标记的安装座上，如图 1-30 所示。根据标记来安装螺旋桨的桨叶，是最简单的识别方法。

图 1-29　带白色标记的安装座　　　　　图 1-30　不带白色标记的安装座

　　无人机一共有 4 个螺旋桨，如果只有 3 个卡紧了，有一个是松动的，那么飞行器在飞行的过程中很容易因为机身无法平衡而造成"炸机"的结果。用户在安装螺旋桨的时候，一定要安装正确，对准插槽位置旋转拧紧螺旋桨，如图 1-31 所示。

对准插槽

旋转拧紧

图 1-31　对准插槽位置旋转拧紧螺旋桨

3. 取下云台保护罩

　　将无人机放置在水平起飞位置后，应取下云台保护罩，底端有一个小卡口，轻轻往里按一下，保护罩就会被取下来。如图 1-32 所示为云台保护罩未取下的状态，如图 1-33 所示为云台保护罩取下后的状态。

图 1-32　云台保护罩未取下的状态　　　　　图 1-33　云台保护罩取下后的状态

4. 开启无人机

　　首先，将手机与遥控器进行连接，遥控器左侧有一根数据线，是专门用来连接手机接口的，这个接口类似于平常我们手机充电、接耳机的接口。然后，将遥控器的摇杆安装至正确位置，如图 1-34 所示，确保手机可正常连接至互联网。

图 1-34　将手机与遥控器进行连接并将遥控器的摇杆安装至正确位置

　　手机与遥控器连接正确后，接下来讲解无人机的开机顺序。

　　第一步，开启遥控器：首先短按一次遥控器右上角的电源按钮，状态显示屏上将显示遥控器当前的电量信息，然后长按 3 秒，即可开启遥控器，显示开机信息。

　　第二步，开启飞行器：短按电池上的电源开关键，可以查看电池的电量，一共有 4 格电量，亮几格灯表示剩余几格电量。

　　第三步，运行 DJI GO 4 App：大疆"御"Mavic 2 专业版无人机需要安装 DJI GO 4 App，结合该 App 才能使飞行器正确地飞行，所以要先在应用商店中找到并安装 DJI GO 4 App，再运行 DJI GO 4 App。

　　如图 1-35 所示为未开启与已开启的无人机画面，已开启的无人机闪烁着尾灯，遥控器显示屏上也显示相关的起飞信息。

图 1-35　未开启与已开启的无人机画面

1.8　首次连接飞行器，需要激活无人机

当我们首次连接飞行器的时候，需要在 DJI GO 4 App 中激活无人机，否则无法飞行。下面介绍在 DJI GO 4 App 中激活无人机的具体步骤。

STEP 01　打开 DJI GO 4 App，界面中弹出"固件版本不一致"的信息，从左向右滑动相关区域，如图 1-36 所示。

STEP 02　界面上方提示用户正在升级，如图 1-37 所示。

STEP 03　待系统升级完成后，点击下方的"激活设备"按钮，如图 1-38 所示。

图 1-36　从左向右滑动　　　图 1-37　提示用户正在升级　　图 1-38　点击"激活设备"按钮

STEP 04 进入激活界面，点击"下一步"按钮，如图 1-39 所示。

STEP 05 进入用户协议界面，查看协议中的条款内容，在下方选中同意条款的复选框，点击"同意"按钮，如图 1-40 所示。

STEP 06 进入下一个界面，设置飞行器的名称，设置完成后点击右上角的"继续"按钮，如图 1-41 所示。

图 1-39　激活界面

图 1-40　用户协议界面

图 1-41　设置飞行器名称

STEP 07 进入摇杆模式，在其中可以选择"美国手""日本手"或"中国手"，如图 1-42 所示。

STEP 08 点击"继续"按钮，进入 LCD 屏幕说明界面，学习遥控器 LCD 屏幕上的各功能信息，及时了解飞行状况，如图 1-43 所示。

STEP 09 点击"继续"按钮，进入快捷键设置界面，可以设置 C1 和 C2 的快捷键功能，如图 1-44 所示。

图 1-42　选择摇杆模式

图 1-43　LCD 屏幕说明

图 1-44　设置快捷键

STEP 10 点击 C1 右侧的箭头，可以更改 C1 的功能，如图 1-45 所示。

STEP 11 点击"继续"按钮，设置偏好信息，如图 1-46 所示。

STEP 12 点击"继续"按钮，设置新手模式，如果用户是高级的飞手，则可以在这里关闭"新手模式"功能，这样对飞行器的飞行高度和半径就没有限制了，如图 1-47 所示。

图 1-45 更改 C1 的功能

图 1-46 设置偏好信息

图 1-47 设置新手模式

STEP 13 点击"继续"按钮，在界面中确认账号信息，点击"激活"按钮，如图 1-48 所示。

STEP 14 进入 DJI care 随心换界面，这里提示用户需要为无人机购买一份安全保险，用户根据需要进行选择，48 小时内都可以购买，这里点击"跳过"按钮，如图 1-49 所示。

STEP 15 进入重启界面，点击"立即重启"按钮，如图 1-50 所示，待系统重启后即可完成无人机的激活操作。

图 1-48 点击"激活"按钮

图 1-49 DJI care 随心换

图 1-50 点击"立即重启"按钮

27

1.9 ▶ 起飞前先认识这些配件功能

经过前面一系列基础知识的学习后，大家对无人机应该有所了解，本节主要介绍无人机的配件，如遥控器、摇杆、状态显示屏、充电器等，包括这些配件的使用与保养技巧，帮助大家更好地使用无人机。

1. 认识遥控器

"御"Mavic 2 专业版的遥控器电池最长工作时间为 1 小时 15 分钟左右，在无人机未使用的情况下，遥控器是折叠起来的，如图 1–51 所示。如果我们需要使用无人机，就需要展开遥控器。首先，把遥控器的天线展开，确保两根天线平行，否则天线会影响飞行器的 GPS 信号与指南针信号，如图 1–52 所示。

图 1–51　折叠起来的遥控器　　　　　图 1–52　天线展开的遥控器

接下来，将遥控器的底端手柄打开，此位置用于放置手机，遥控器上的各功能按钮如图 1–53 所示。

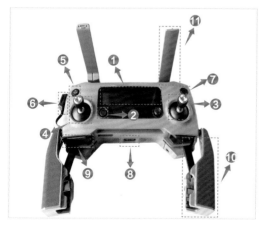

图 1–53　遥控器上的各功能按钮

下面详细介绍遥控器中的各按钮含义及功能。

❶ 状态显示屏：可以实时显示飞行器的飞行数据，如飞行距离、飞行高度以及剩余的电池电量等信息。

❷ 急停按钮▣：在飞行过程中，如果中途出现特殊情况需要停止飞行，则用户可以按下此按钮，飞行器将停止当前的一切飞行活动。

❸ 五维按钮▣：这是一个自定义功能键，可以对五维键功能进行自定义设置。

❹ 可拆卸摇杆：摇杆主要负责飞行器的飞行方向和飞行高度，如前、后、左、右、上、下以及旋转等。

❺ 智能返航键：长按智能返航键，将发出"嘀嘀"的声音，此时飞行器将返航至最新记录的返航点，在返航过程中还可以使用摇杆控制飞行器的飞行方向和速度。

❻ 主图传 / 充电接口：接口为 Micro USB，该接口有两个作用：一个是用来充电；另一个是用来连接遥控器和手机，通过手机屏幕查看飞行器的图传信息。

❼ 电源按钮：首先短按一次电源按钮，然后长按 3 秒，即可开启遥控器。

❽ 备用图传接口：这是备用的 USB 图传接口，可用于连接 USB 数据线。

❾ 摇杆收纳槽：当用户不再使用无人机时，需要将摇杆取下，放进该收纳槽中。

❿ 手柄：双手握着，手机放在两个手柄的中间卡槽位置，用于稳定手机等移动设备。

⓫ 天线：用于接收信号信息，准确与飞行器进行信号接收与传达。

⓬ 录影按钮：按下该按钮，可以开始或停止视频画面的录制操作。

⓭ 对焦 / 拍照按钮：该按钮为半按状态时，可为画面对焦；按下该按钮，可以进行拍照。

⓮ 云台俯仰控制拨轮：可以实时调节云台的俯仰角度和方向。

⓯ 光圈 / 快门调节拨轮：可以实时调节光圈和快门的具体参数。

⓰ 自定义功能按键C1：该按钮默认情况下，是中心对焦功能，用户可以在 DJI GO 4 的"通用设置"界面中，自定义设置功能按键。

⓱ 自定义功能按键 C2：该按钮默认情况下，是回放功能，用户可以在 DJI GO 4 的"通用设置"界面中，自定义设置功能按键。

2. 认识摇杆的操控方式

在上述激活界面中，提到了"美国手"与"日本手"，这两种手法有何不同呢？

➤ 美国手：左摇杆控制飞行器的上升、下降、左转和右转操作，右摇杆控制飞行器的前进、后退、向左和向右的飞行方向，如图 1-54 所示。

➤ 日本手：左摇杆控制飞行器的前进、后退、左转和右转，右摇杆控制飞行器的上升、下降、向左和向右飞行，如图 1-55 所示。

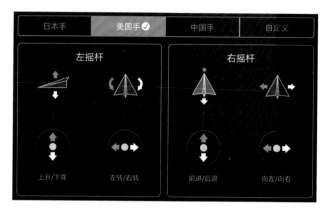

图 1-54　"美国手"的操控方式

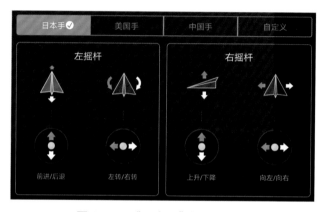

图 1-55　"日本手"的操控方式

下面以"美国手"为例，介绍遥控器的具体操控方式，这是学习无人机飞行的基础和重点，能不能安全飞好无人机，全靠用户对摇杆的熟练度。希望大家熟练掌握。

左摇杆的具体操控方式如下。

➤ 向上推杆：表示飞行器上升。

➤ 向下推杆：表示飞行器下降。

➤ 向左推杆：表示飞行器逆时针旋转。

➤ 向右推杆：表示飞行器顺时针旋转。

➤ 左摇杆位于中间位置时，飞行器的高度、旋转角度均保持不变。

右摇杆的具体操控方式如下。

➤ 向上推杆：表示飞行器向前飞行。

➤ 向下推杆：表示飞行器向后飞行。

➤ 向左推杆：表示飞行器向左飞行。

➤ 向右推杆：表示飞行器向右飞行。

专家提醒

飞行器起飞时，应该将左摇杆缓慢地往上推杆，让飞行器缓慢上升，慢慢离开地面，这样飞行才安全。如果用户猛地将左摇杆往上推，那么飞行器会急速上冲，油门摇杆加油过量，如果顶部有障碍物，一不小心就会引起"炸机"的风险。向上、向下、向左、向右推杆的过程中，推杆的幅度越大，飞行的速度越快。

3. 认识状态显示屏

要想安全地控制无人机飞行，就需要掌握遥控器状态显示屏中的各功能信息，熟知它们代表的具体含义，如图 1-56 所示。

图 1-56　遥控器状态显示屏

状态显示屏中各信息的含义分别如下。

❶ 飞行速度：显示飞行器当前的飞行速度。

❷ 飞行模式：显示当前飞行器的飞行模式，OPTI 是指视觉模式，如果显示的是 GPS，则表示当前是 GPS 模式。

❸ 飞行器的电量：显示当前飞行器的剩余电量信息。

❹ 遥控器信号质量：5 格信号代表信号质量非常好，如果只有一格信号，则表示信号弱。

❺ 电机转速：显示当前电机转速数据。

❻ 系统状态：显示当前无人机系统的状态信息。

❼ 遥控器电量：显示当前遥控器的剩余电量信息。

❽ 下视视觉系统显示高度：显示飞行器下视视觉系统的高度数据。

❾ 视觉系统：此处显示的是视觉系统的名称。

❿ 飞行高度：显示当前飞行器起飞的高度。

⓫ 相机曝光补偿：显示相机曝光补偿的参数值。

⓬ 飞行距离：显示当前飞行器起飞后与起始位置的距离值。

⓭ SD 卡：这是 SD 卡的检测提示，表示 SD 卡正常。

4. 认识电池与充电器

电池是专门给无人机供电的，如果电池没有电，无人机就无法飞行，以大疆"御"Mavic 2 Pro 无人机为例，一块电池只能飞行 30 分钟左右，而有时候我们需要拍摄 1 ~ 2 小时，所以一块电池不能满足拍摄需求，建议用户再购买两块电池备用。

正确的充电方法是，将电源适配器的插槽连接电池插槽，如图 1-57 所示，再将插头连接插座孔，电源开关键上亮起闪烁的灯，表示电池正在充电。电池充满电后，要及时拔下，以免引起爆炸事件，我们一定要重视这种安全问题。

图 1-57 将电源适配器的插槽连接电池插槽

我们在为电池充电的时候，一定要选择通风条件良好的地方，但切记充电环境温度必须在 5℃至 40℃之间，如果室内温度低于 5℃，就会出现给电池充不进电的情况。

第 2 章

小心"炸机"：
多年防炸技术倾囊相授

新手刚买到一台无人机的时候，拿在手上的心情是激动的，很想出去试飞一下，体验一把飞拍的魅力，但最担心的就是"炸机"，毕竟是花了上千、上万元买回来的无人机，万一失手"炸机"了，何止一个心疼能体会。所以，本章将向大家介绍31种"炸机"的风险因素，希望能提前帮助大家降低航拍风险，减少因"炸机"而产生的损失。

- 有关飞行环境的 8 种"炸机"风险
- 无人机起飞时的 5 种"炸机"风险
- 无人机升空时的 3 种"炸机"风险
- 无人机飞行中的 6 种"炸机"风险
- 无人机下降时的 3 种"炸机"风险
- 与信号连接有关的 6 种"炸机"风险

有关飞行环境的 8 种"炸机"风险

如果无人机的飞行环境不理想，信号干扰强烈，则很容易撞墙、"炸机"。在飞行前我们需要熟知有关无人机飞行环境的"炸机"风险，提前规避，降低损失。

1. CBD 高楼间经常受信号干扰

【经典案例】：我有一个朋友，刚买无人机不久，想着在城里飞一下，练练技术。城里的高楼大厦很漂亮，玻璃幕墙特别显高档。这位朋友就把无人机飞到了这些 CBD 高楼之间穿梭，拍摄出来的视频很漂亮，可是突然之间无人机就撞玻璃了，直接"炸机"摔下来。

【经验分享】：在 CBD 高楼间飞行，玻璃幕墙很容易影响无人机的接收信号，在室外飞行的时候，无人机是依靠 GPS 卫星定位的，一旦信号不稳定，无人机在空中就会失控，特别是穿梭在楼宇之间，有时候看不到无人机，通过图传屏幕只能看到前方的情况，上下左右都无法看到，此时如果无人机的左侧有玻璃幕墙，而飞手在不知道的情况下直接将无人机向左横移，那么无人机就会直接撞上玻璃幕墙，导致"炸机"。

新手在飞无人机的时候，一定要保证无人机在可视范围内飞行，因为很多情况和环境因素无法预测，再加上自己的经验不足，就很容易"炸机"。我们在 DJI GO 4 App 中，可以开启"启用前 / 后视感知系统"功能，开启无人机的避障功能，如图 2-1 所示。当无人机在飞行中检测到了障碍物，将会自动悬停。

图 2-1　开启"启用前 / 后视感知系统"功能

2. 机场千万不能飞

【经典案例】：近一两年内，出现了一系列的无人机"黑飞"事件，特别是机场，属于"重灾区"，无人机干扰航班正常起降的新闻屡见不鲜。2017 年 4 月 26 日，成都双流国际机场发生"无人机扰航"事件，共造成 22 架航班备降；2017 年 5 月 1 日，昆明市长水国际机场北端受到无人机扰航影响，导致至少 8 个航班备降。

【经验分享】：无人机的"黑飞"事件对公共安全产生了直接的威胁，随之国家也出台了一系列针对无人机等"低慢小"航空器的专项整治，对违法飞行无人机的行为进行严抓严打，情节严重者还可能构成犯罪，需依法追究刑事责任。所以，机场是无人机的禁飞之地，千万不能飞。

3. 水面飞行要小心

【经典案例】：有一个飞手在水面上飞行无人机的时候，飞着飞着就飞到水里去了，连无人机的"尸体"都捞不上来，直接损失了一架大疆 Maivc 2 Pro。

【经验分享】：当我们使用无人机沿着水面飞行的时候，无人机的气压计会受到干扰，无法精确定位无人机的高度。当无人机在水面飞行的时候，经常会出现掉高现象，无人机越飞越低，如果不把无人机控制在足够的高度，一不小心无人机就会开到水里面去，所以，不建议用户贴近水面进行拍摄，否则会给无人机的飞行带来安全隐患，如果一定要在水面飞行，建议飞得高一点。

4. 夜间飞行风险

【经典案例】：有一个飞手去爬武功山，想拍摄第二天的日出，夜间爬到山顶之后，就拿出无人机起飞，结果无人机飞了一会儿之后，飞不回来了，这位飞手也不知道无人机飞去哪里了，最后导致电池电量用完，被迫下降，第二天找了很久才找到丢失的飞机。

【经验分享】：夜间飞行无人机，由于视线受阻，会导致无人机的避障功能失效，我们只能通过图传屏幕来判断四周的环境，此时用户可以打开"打开机头指示灯"功能，如图 2-2 所示，使无人机的臂灯能在黑暗的天空中闪烁，这样可以方便用户在夜间找到无人机，并远距离知道无人机是否朝向用户。

图 2-2 打开"打开机头指示灯"功能

5. 室内飞行的风险

【经典案例】:有一个飞手在室内飞行无人机,无人机突然失控起来,上下飘浮不定,很快就直接撞墙"炸机"了,还好没有撞到人。

【经验分享】:在室内飞行无人机,需要一定的水平,因为室内基本没有 GPS 信号,无人机依靠光线进行视觉定位,用的是姿态飞行模式,在飞行中偶尔会有不稳定感,稍有不慎就有可能出现无人机飘浮而撞到物件的情况。所以,不建议用户在室内飞行无人机。

6. 有人的地方要远离

【经典案例】:在某个旅游景点有一则新闻,某飞手在景点起飞无人机,当时四周游客较多,飞手没有很好地控制无人机的飞行方向,导致无人机失控,撞到了游客,伤了游客的腿,最后该飞手赶紧将伤者送医院治疗,这不仅造成了事故,也影响了自己旅游的心情。

【经验分享】:如果你是航拍新手,那么尽量不要在有人的地方飞行,以免造成第三者损失,当飞手过于紧张时,双手控制方向的时候就容易出错,这也是很多新手司机上路将刹车当油门的原因。新手在练习飞行技术的时候,一定要找一大片空旷的地方练习,等自己的飞行技术达到一定的水平了,再挑战高难一点的航拍环境。

如果你有把握能百分之百掌控无人机,就可以大胆来航拍人像,笔者每次出去航拍的时候,都喜欢带上爱人,所以爱人也是模特,航拍爱人的画面,或者航拍两个人牵手的幸福画面也比较多,如图 2-3 所示。自从有了航拍机,不用再麻烦别人给我们拍照片了,自己就能拍摄下最幸福的时刻。

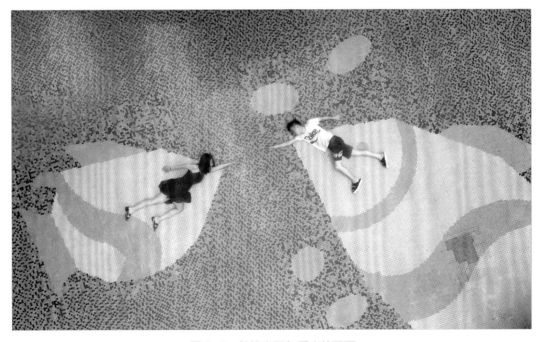

图 2-3 航拍自己与爱人的画面

7. 山区飞行的风险

【经典案例】：某飞手在高山上飞行无人机，想航拍清晨山区中的云雾缭绕画面，也想围着某座单独的山峰飞拍一圈，结果无人机飞到山峰背面的时候，GPS 突然没有信号了，图传画面也没有显示，最后无人机由于失控导致"炸机"。

【经验分享】：我们在山区飞行无人机的时候，一般情况下 GPS 信号还是比较稳定的，如果贴着陡崖或者峡谷飞行，就会影响 GPS 信号的稳定性。起飞的时候如果上方有很多树木遮挡物，也会影响 GPS 的稳定性。所以，我们在山区飞行无人机的时候，一定要时刻观察周围的环境，不要因遮挡物过多而影响无人机飞行的稳定性。还有一点，山区的天气不太稳定，在海拔比较高的山区经常下雨、下冰雹，而且气流变化也比较大，上升下降时都会使无人机摇摇晃晃，遇到这种恶劣的环境和天气，一定要提前收起无人机。

8. 雨雪、大风天气不能飞

【经典案例】：和朋友约了一起去海边拍风光片，当天天气不太好，我们在空中没飞多久，就开始起大风了，眼看着风越来越大，还有雷声，我赶紧将无人机下降收起来了，让朋友也一起收了，可是他还要飞，说海边的云彩好看。后来风越来越大，朋友的无人机被大风吹远，飞不回来了，双桨也失去了平衡，摇晃得厉害，最终"炸机"。

【经验分享】：如果室外的风速达五级以上，就是大风，地上的小草和树木都会摇摆，此时如果飞无人机，就很容易被风吹走，在大风中飞行也十分困难。这样的恶劣天气是不适合无人机飞行的，当无人机不受遥控器的控制时，就会乱飞，极容易"炸机"。还有大雨、大雪、雷电、有雾的天气也不能飞，大雨容易把无人机淋湿，雷电天气容易"炸机"，有雾的天气会阻碍视线，而且拍摄出来的片子也没有那么清晰、好看。

在大风中飞行，如果风速过大，屏幕中就会有强风警告信息，如图 2-4 所示，提示用户需要安全飞行，如果用户一定要在大风中飞行，拍摄一些特殊的画面，那么建议打开姿态球，点击 App 左下角地图框中右上角的圆点 ⊕，即可打开姿态球，遇到大风天气一定要密切监视飞机姿态，姿态球倾斜达到极限时，一定要尽量返航或悬停，避免"炸机"。

图 2-4　屏幕中会有强风警告信息

2.2 无人机起飞时的 5 种"炸机"风险

有很多新手在无人机起飞的时候就会遇到"炸机"的情况,这就真的很不划算。新手刚刚收到无人机,心情非常激动、紧张,很想出去试飞一把,为避免一起飞就"炸机"的情况发生,新手需要注意起飞时有哪些"炸机"风险。

1. 无人机的摆放方向不对,直接飞进了水里

【经典案例】:有一个飞手,在河边栈道上起飞无人机,结果无人机刚飞起来,就直接往前面飞进了水里。原来这位飞手是新手,其无人机的相机镜头是朝自己的方向摆的,也就是飞手与无人机面对面,无人机的后面就是一片河流。飞手起飞无人机后,按照正常的视觉,无人机的前面是飞手本人,但飞手以为无人机的前面是一片河流,所以本能地想往后面倒一点,就快速拨下后退键,由于速度太快,无人机后退时一下失去了平衡,直接飞进了水里。

【经验分享】:起飞前,在摆放无人机的时候,一定要注意无人机与人站立的方向一致,这样与打杆的方向才是一致的,向上打右摇杆,无人机往前飞。如果无人机与人面对面,向上打右摇杆,那么无人机将会朝向人飞过来,会直接撞到人身上。

2. 起飞的位置不平整,导致无人机直接倾斜

【经典案例】:有一个飞手,将无人机放在倾斜的石头上起飞,才开启电机,启动螺旋桨,还没飞起来,无人机就因为失衡倾斜倒下去了,致使螺旋桨变形、断裂。

【经验分享】:无人机起飞的位置一定要平整,不能放在倾斜的平面上起飞,起飞的位置更不能有沙子或小草,否则会对无人机的桨叶造成损伤,影响无人机飞行的稳定性。当我们在户外时,尽量找到一块干净的地方起飞无人机,如果实在找不到,可以将无人机放在包装箱上面起飞,悟系列的包装箱比较大,如图 2-5 所示。

图 2-5　将无人机放在包装箱上面起飞

3. 起飞时总提示指南针异常

【经典案例】：我有一位朋友出去飞无人机，发现无人机在起飞的时候，总提示指南针异常，需要校正，当校正过后不到 1 分钟，又提示指南针异常，于是他给我发了微信，问我对此情况怎么办？

【经验分享】：我让他拍下无人机周围的环境，我对此环境观察了一番后，发现无人机的周围有很多铁栏杆，这会对无人机的信号和指南针造成干扰，如果在异常的情况下起飞，那么对无人机的安全会有很大的影响。我建议这位朋友换一个比较空旷、干净的地方起飞无人机，朋友按照我说的做了，果然指南针异常的提示就没有了。所以，四周有铁栏杆和信号塔的地方，不适合起飞。

4. 刚起飞不到 5 米，螺旋桨直接射出去了

【经典案例】：小张带着无人机出去飞，刚上升不到 5 米，无人机的桨叶就直接射出去了，此时无人机在空中失去了平衡，直接掉下来"炸机"了。我们在抖音平台上，也经常看到有人发"炸机"的短视频，也是无人机刚起飞不久，桨叶就直接射出去了。

【经验分享】：这个案例告诉我们，在起飞前一定要检查螺旋桨的桨叶是否扣紧了。有时候我们将无人机借出去给别人用，拿回来的时候一定要记得检查。上螺旋桨时，精灵 3 的自紧桨也一定要上紧，对精灵 4 和悟系列的快拆桨一定要多检查一下，空中飞桨的案例在大疆论坛上经常出现，飞之前检查好，可以降低"炸机"概率。

5. 电池电量不足，报警

【经典案例】：李丽刚起飞无人机不久，App 屏幕上就提示无人机低电量报警信息，如图 2-6 所示。李丽觉得奇怪，自己前两天充满了电，这才飞了一会儿，怎么就没电了？

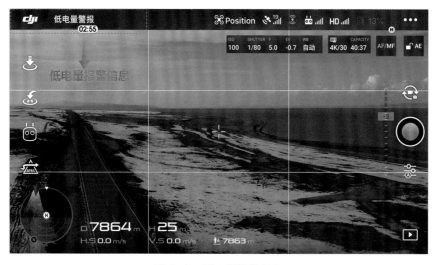

图 2-6　低电量报警信息

【经验分享】：这个案例告诉我们，起飞前一天，一定要检查电池的电量，避免起飞时发现电量不足，又跑回家充电，在时间规划上就不合理。无人机的一块电池只能用 30 分钟左右，所以电池的电量特别珍贵。当我们在寒冷的天气或者在高原上飞行时，电池的放电速度会更快，或者因为飞行中油门开得太大，电池的输出功率会增大，此时无人机并不能飞行30 分钟。当屏幕提示低电量报警时，一定要返航，所以建议用户多备两块电池。

我们在 DJI GO 4 App 中，可以开启"低电量智能返航"功能，并设置"低电量报警"参数，当电池电量剩余 25% 的时候，发出报警信息，这样也好及时提醒我们，如图 2-7 所示。

图 2-7　低电量报警

2.3 无人机升空时的 3 种"炸机"风险

当无人机安全起飞后，在升空的过程中，也会遇到相关的"炸机"风险，比如在上升过程中晃动得很厉害、在上升过程中直接侧翻等现象，当我们遇到这些情况时，该怎么办呢？

1. 无人机在上升过程中晃动得很厉害

【经典案例】：刘林起飞了无人机，但是无人机在上升的过程中，机身摇晃得很厉害，极不稳定，最后刘林由于担心"炸机"，手动降落了无人机。

【经验分享】：无人机在起飞的过程中，会加快电机的运转速度，此时螺旋桨的桨叶会快速转动，声音也会很大，在离地的时候会同时吹起地面的灰尘与沙石，此时如果新手太过紧张，没有把握好油门和方向摇杆的力度，就会导致机身不稳，出现机身摇晃的现象。这时只要飞手匀速推油门，适当修正飞行姿态，就能使无人机慢慢平稳下来。

2. 起飞后迅速向一边飞去，直接"炸机"

【经典案例】：有一个飞手起飞无人机后，无人机迅速向一边飞去，这种情况看上去像是一种失控的状态，导致"炸机"。

【经验分享】：出现这种情况，可能有两个原因：一个是机身本身出现了问题，引起侧飞"炸机"；另一个是我们起飞前，将遥控器从背包中取出来，把摇杆装在遥控器上面的时候，摇杆的位置可能没有调整好，使摇杆发生了偏移现象，使飞机出现侧飞的情况。建议大家一个月校准一次遥控器，电子类的产品在使用一段时间后，操作上会有点误差，校准之后可以使遥控器打杆更加精准。校准方法很简单，只需在 App 的"遥控器功能设置"界面中，点击"遥控器校准"选项，如图 2-8 所示，即可校准遥控器。

图 2-8 "遥控器校准"选项

3. 上升时碰到高压线，直接"炸机"

【经典案例】：有一个飞手，想航拍自己所在的小区，就在小区的某块空地上直接起飞了无人机，在上升的过程中，只听"砰"的一声响，无人机直接掉了下来，"炸机"了。后来，这位飞手观察了一下周围的环境，只有几根高压线，没有别的障碍物，估计无人机在上升过程中碰到了高压线，直接"炸机"了。

【经验分享】：有高压线的地方，不适合飞行，这种地方非常危险，而居民楼的小区里，会有很多高压线，飞行环境并不理想，高压线对无人机产生的电磁干扰非常严重，而且离电线的距离越近，信号干扰越大，所以我们在拍摄的时候，尽量不要到有高压线的地方去飞行，避免"炸机"的风险。

2.4 无人机飞行时的 6 种"炸机"风险

无人机在飞行的过程中，也会遇到很多"炸机"风险，及时了解这些炸机的原因，可以帮助你减少无人机的损失。

1. 飞行时，电机和螺旋桨受伤，直接"炸机"

【经典案例】：周末，刘东带着孩子在江边放风筝，很多小孩也在放风筝，大家玩得很开心，刘东觉得大家放风筝的场景很美，就想用无人机拍下来，就在无人机飞上空中没多久，旁边有一只风筝飞过来了，也不知道是谁家的小孩在放，眼看着越飞越近，最后电机和螺旋桨就被这根风筝线卷住了，迅速影响了无人机在飞行中的稳定性，最后双桨无法平衡，直接"炸机"了，还好飞机掉下来的时候没有砸到小朋友。

【经验分享】：风筝是无人机的天敌，放风筝的区域最好不要飞无人机，指不定哪只风筝就直接飞过来了，那根长长的风筝白线，会直接锁死电机和螺旋桨，重则会"炸机"，轻则会对螺旋桨造成损伤。

2. 飞远了不知道如何飞回来，最后"炸机"

【经典案例】：陈力刚买了一台御 2 的无人机，便出去试机，无人机飞了好一会儿之后，陈力拍了很多照片，后来屏幕上提示电量不足，建议返航，陈力一时懵了，不知道如何飞回来，最后因为在紧张的情况下打杆操作失误，直接"炸机"了。

【经验分享】：新手刚飞无人机的时候，尽量带一个朋友出行，朋友会是一个很好的"观察员"，他能帮你观察飞机在天空中的位置以及周围的飞行环境是否安全等，这个"观察员"能在很大程度上消除你的紧张和担心。再者，新手刚飞无人机的时候，一定要让无人机在自己的可视范围内飞行，这样才能保证无人机的飞行安全。

当我们将无人机飞远了，不知道如何飞回来了，该怎么办呢？一是通过 App 的图传画面，判断无人机的前方是哪个方向，然后正确打杆，使无人机飞回来。二是无人机的前臂会显示 LED 红灯，而后面的机臂会闪烁为绿灯，通过灯的颜色来判断无人机的方向，从而将无人机飞回来。

3. 飞行空间太窄，怎样避免撞墙

【经典案例】：王成想拍摄上海的夜景，想在楼宇间穿梭拍摄繁华的都市，可是有些楼宇间的距离有些窄，如果开启无人机的避障功能，那么无人机是飞不过的，可是关掉了避障功能，又该如何规避撞到障碍物"炸机"的风险呢？

【经验分享】：这时，我们可以在 DJI GO 4 App 中，打开"遥控器功能设置"界面，点击

"遥控器自定义按键"右侧的C1选项，在弹出的列表框中选择"窄距感知（长按）"选项，如图2-9所示，当无人机飞行到比较窄的区域时，我们就可以开启这个功能，顺利飞行。

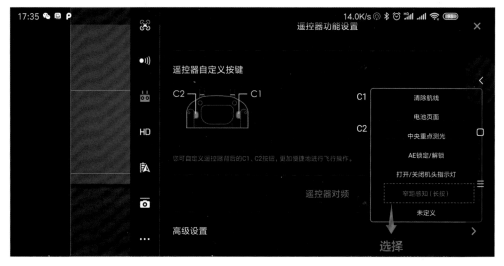

图2-9　选择"窄距感知（长按）"选项

4. 无人机在飞行时无故掉高，推油门也没有用

【经典案例】：张威在飞行无人机的时候，无人机无故掉高，怎么推油门都没有用，这时感觉很危险，怎么办？

【经验分享】："掉高"是指无人机不受控地高度降低，当我们在一些地形比较复杂的环境下飞行无人机的时候，会出现这种掉高的情况，如楼宇间、山谷间等，这时我们要时刻关注无人机的飞行姿态，调整好飞行的速度，缓慢飞行。如果空中的气流不太平稳，那么此时应尽量将无人机飞行至气流平稳的区域，降低"炸机"风险。

5. 没有足够的电量飞回起点了，怎么办

【经典案例】：张洋在飞行无人机的时候，因为自己没有控制好无人机的飞行时间，导致没有足够的电量飞回起点了，于是他给我打电话，问我该怎么办？

【经验分享】：很多新手在刚开始飞无人机的时候，都会有一个错觉，就是明明没有飞多久，怎么就没有电了？这是由于新手没有规划好时间和电量导致的结果。如果剩余的电量不足以飞回起点，这时该怎么办？建议摄像头垂直90°向下，抓紧时间寻找降落地点，优先寻找绿地等"炸机"损失小的地方。如果你还能看到无人机的降落地点并停机，那么运气还算不错，抓紧时间赶过去，避免有人捡走，此时图传画面不要关闭，可以帮助你找到飞机。

我们在飞行无人机的时候，当用户飞行的距离过远，屏幕中会发出警告信息，提示用户剩余电量仅够返航，如图2-10所示，这时就应该返航无人机了。

图 2-10   提示用户剩余电量仅够返航

6. 空中飞行遇到海鸥突袭怎么办

【经典案例】：笔者有一个飞手朋友在海边飞行无人机的时候，突然有一群海鸥飞过来了，围着无人机打转，这位飞手朋友赶紧将无人机降落下来，以免撞到动物后"炸机"。

【经验分享】：我们在海边飞行无人机的时候，经常会遇到一些低空飞行的飞鸟，这时千万不要慌张，飞鸟不敢接近无人机的螺旋桨，我们只需要静下心来，慢慢将无人机往高空飞，低空飞行的飞鸟就不会再追随了。

2.5 无人机下降时的 3 种"炸机"风险

无人机在下降的过程中，应注意避免哪些"炸机"风险呢？比如降落位置一定要平整安全，下降过程中不能有障碍物（如树枝、建筑物等），在飞行无人机的过程中，每一个细节都要用心观察，否则一不小心就会有"炸机"的风险。

1. 降落位置凹凸不平，导致无人机侧翻

【经典案例】：笔者有一个朋友在山区飞行无人机的时候，由于当时风速过大，无法继续飞行，就直接在无人机的下方找了一个地方降落，当时降落的位置凹凸不平，直接导致了无人机侧翻，如图 2-11 所示，螺旋桨受到了不同程度的损伤。

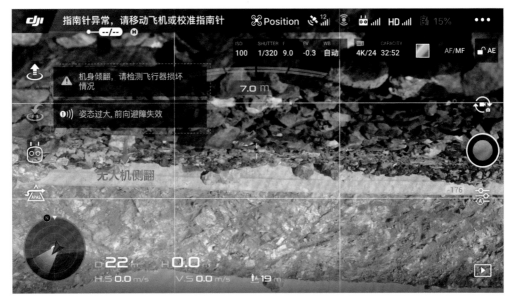

图 2-11　无人机侧翻的案例

【经验分享】：我们在降落无人机的时候，一定要选择一片平整、空旷的地方降落，如果实在没有办法，那么也要选择一片绿地下降，这样也能减少无人机的损伤。

2. 在下降时突然剧烈晃动，导致侧翻"炸机"

【经典案例】：李立在下降无人机的过程中，发现机身突然产生了强烈的晃动情况，飞行状态极不稳定，最后导致侧翻"炸机"。

【经验分享】：在某些地形比较复杂的环境下降落时，由于空中气流极不稳定，可能会影响无人机飞行中的稳定性，出现机身晃动的现象，这时我们在操作无人机的时候，下降给油时尽量缓一点、慢一点，不要太过用力，也不要突然收油，任何操作都尽量慢慢来，尽量保持无人机的平衡性与稳定性，让无人机安全地降落。

3. 下降无人机时，撞到了下面的树枝

【经典案例】：在山区有很多树枝，某飞手在下降无人机的时候没有注意下方的情况，只顾着下降，由于拨杆的速度过大，无人机直接落在了下面的树枝上，双桨受损，无人机失去平衡，直接"炸机"。

【经验分享】：我们在一些容易遮挡卫星信号的环境下飞行（如山区的树林中），就会导致卫星无法定位，就容易使无人机失控、自动飘浮，导致意外事故的发生。建议大家打开"启动下视定位""降落保护"以及"返航障碍物检测"功能，如图 2-12 所示，无人机在降落时会自行检测下方是否满足降落条件，在关闭视觉避障功能情况下，仍可以检测障碍物进行返航。这样就避免了无人机撞到树枝的情况。

图 2-12　打开相关降落保护的功能

2.6 与信号连接有关的 6 种"炸机"风险

信号的不稳定性是飞行中"炸机"风险最高的因素, 由于飞行环境中的种种因素, 无人机的信号就会受到一定的干扰, 当 GPS 信号丢失或图传信号中断了, 我们该怎么办呢?

1. 飞行时 GPS 信号突然丢失

【经典案例】: 有一个飞友在飞行无人机的时候, GPS 信号突然丢失。

【经验分享】: 画面中提示 GPS 信号弱, 原因就是当时的飞行环境对信号有干扰, 当无人机的 GPS 信号丢失后, 无人机会自动进入姿态模式或者视觉定位模式, 这时一定要保持镇定, 轻微调整摇杆, 以保持无人机的稳定飞行, 然后尽快将无人机驶出干扰区域, 当无人机离开干扰区域后, 就会自动恢复 GPS 信号。

2. 飞行时遥控器信号突然丢失

【经典案例】: 有一个飞友在飞行无人机的时候, 遥控器信号突然丢失。

【经验分享】: 遥控器信号的中断, 有可能是设备故障引起的, 也有可能是环境所导致的, 这时不要拨动摇杆, 首先调整好天线, 使天线能完好地接收信号。如果遥控器与飞行器已中断了, 那么此时无人机会自动返航, 用户只需在原地等待无人机飞回来即可。如果是大疆本身的机器原因导致了"炸机"的情况, 那么应及时联系商家, 大疆会赔偿的。

3. 飞行中指南针受干扰

【经典案例】：有一个飞友在飞行无人机的时候，屏幕总提示指南针受干扰。

【经验分享】：出现这种情况，肯定与当时的飞行环境有直接关系，无人机的周围是否有铁栏杆、有信号塔、有高楼大厦之类的建筑，如果有，则应赶紧将无人机驶出该干扰区域，以免因信号丢失而"炸机"。

4. 拍摄照片或视频时，图传画面突然无显示

【经典案例】：有一个飞友将无人机飞入高空中，正在航拍照片时，突然图传画面无显示了，黑屏，该飞友赶紧退出了 DJI GO 4 App，重新进入飞行界面，结果还是黑屏。

【经验分享】：当图传画面无显示时，根据图传最后的画面显示，首先目视寻找无人机，看自己能不能在天空中找到，如果找到了无人机，则可以手动控制无人机返航；如果没有找到无人机，则无人机可能被一些高大建筑物遮挡了，可以先尝试拉升无人机几秒，或者根据最后图传的位置，慢慢找到无人机的最终位置，使无人机能恢复图传。一般情况下，图传信号丢失，是因为 App 闪退，此时只要重新启动 DJI GO 4 App，即可恢复图传画面。

5. 无人机在空中突然失控了，不听指挥

【经典案例】：飞友在操控无人机的过程中，无人机突然失控了，在没有打杆的情况下，无人机急速旋转下降，最后坠毁"炸机"。

【经验分享】：出现这种现象的时候，一般人会往相反的方向打杆，如果打杆无效，就不要再操作了，因为如果真的是失控原因造成的"炸机"，大疆会负责。但如果在"炸机"的最后还有打杆的记录，那么"炸机"原因就无法说清楚了。

6. 飞机飞丢了，怎样才能找回无人机

【经典案例】：有一位飞友在飞行无人机的过程中，突然没有了 GPS 信号，遥控器的连接也断开了，无人机也没有自己飞回来，这时该怎样找回飞丢的无人机？

【经验分享】：如果用户不知道无人机失联前在天空中的哪个位置，可以用手机拨打大疆官方的客服电话，通过客服的帮助寻回无人机。除了寻求客服的帮助，我们还有什么方法可以寻回无人机呢？下面介绍一种特殊的位置寻回法。进入 DJI GO 4 App 主界面，点击右上角的"设置"按钮 ☰，如图 2-13 所示。在弹出的列表框中，点击"飞行记录"选项，如图 2-14 所示。在打开的地图中可以找到最后的飞机位置，用户可以根据地图进行导航寻找无人机。

图 2-13　点击"设置"按钮

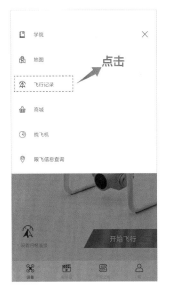

图 2-14　点击"飞行记录"选项

| 第 3 章 |

App 操作：
航拍小助手的功能最关键

　　无人机是一个飞行器，需要配合 DJI GO 4 App 的使用，才能在天空中飞得更好、更安全。所以，本章我们来学习 DJI GO 4 App 的使用技巧，首先学习 App 的登录与连接，以及使用无人机拍照时的各项参数设置，如 ISO、光圈和快门参数的设置等。然后掌握自带编辑的功能使用以及无人机系统固件升级的方法，帮助大家更安全地飞行无人机。

- 安装、登录与连接 DJI GO 4 App

- 了解 DJI GO 4 主界面的各项功能

- 认识 DJI GO 4 相机飞行界面功能

- 设置 ISO、光圈与快门的拍摄参数

- 设置拍照片的各种拍摄参数与模式

- 设置拍视频的各种拍摄参数与选项

- 使用自带编辑器剪辑与合成视频

- 查看飞行记录及隐私设置

- 飞行前一天，检查固件是否需要升级

3.1 安装、登录与连接 DJI GO 4 App

大疆系列的无人机需要安装 DJI GO 4 App 才能正常飞行，本节主要以大疆系列的无人机为例，介绍安装、注册并登录以及连接 DJI GO 4 App 的操作方法。

1. 安装 DJI GO 4 App

在手机的应用商店中即可下载 DJI GO 4 App。进入手机中的应用商店，找到界面上方的搜索栏，输入需要搜索的应用 DJI GO 4，点击搜索到的 DJI GO 4 App，点击下方的"安装"按钮，开始安装 DJI GO 4 App，界面下方显示安装进度，如图 3-1 所示。待 DJI GO 4 App 安装完成后，点击界面下方的"打开"按钮，如图 3-2 所示。

图 3-1　安装 App　　　　　　　图 3-2　打开 App

2. 注册并登录 DJI GO 4 App

当用户在手机中安装好 DJI GO 4 App 后，接下来需要注册并登录 DJI GO 4 App，这样才能在 DJI GO 4 App 中拥有属于自己独立的账号，该账号中会显示自己的用户名、作品数、粉丝数、关注数以及收藏数等信息。

进入 DJI GO 4 App 工作界面，点击左下方的"注册"按钮，如图 3-3 所示。进入"注册"界面，在上方输入手机号码，点击"获取验证码"按钮，官方会将验证码发送到该手机号码上，然后用户在左侧文本框中输入验证码信息，如图 3-4 所示。信息输入完成后，点击"确认"按钮，进入"设置新密码"界面，在其中输入账号的密码，并重复输入一次密码，点击"注册"按钮，如图 3-5 所示。

　　注册成功后，进入"完善信息"界面，在其中设置用户信息，点击"完成"按钮，如图 3-6 所示。完成账号信息的填写，接下来进入"设备"界面，点击"御 2"设备，如图 3-7 所示。进入"御 2"界面，即可完成 App 的注册与登录操作，如图 3-8 所示。

图 3-3　点击"注册"按钮

图 3-4　输入验证码信息

图 3-5　点击"注册"按钮

图 3-6　点击"完成"按钮

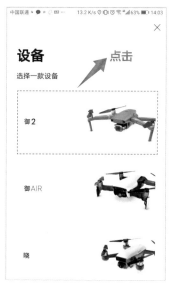

图 3-7　点击"御 2"设备

图 3-8　完成注册与登录操作

3. 连接无人机

当用户注册与登录 DJI GO 4 App 后，需要将 App 与无人机设备进行正确连接，才可以通过 DJI GO 4 App 对无人机进行飞行控制。

进入 DJI GO 4 App 主界面，点击"进入设备"按钮，进入"选择下一步操作"界面，点击"连接飞行器"按钮，如图 3-9 所示。进入"展开机臂和安装电池"界面，根据界面提示，展开无人机的前机臂和后机臂，然后将电池放入电池仓，操作完成后，点击屏幕中的"下一步"按钮，进入"开启飞行器和遥控器"界面，根据界面提示，开启飞行器和遥控器，操作完成后，点击"下一步"按钮，如图 3-10 所示。进入"连接遥控器和移动设备"界面，通过遥控器上的转接线，将手机与遥控器进行正确连接，并固定好，稍后屏幕界面中提示设备已经连接成功，点击"完成"按钮，如图 3-11 所示，即可连接成功。

图 3-9　连接飞行器　　图 3-10　点击"下一步"按钮　　图 3-11　点击"完成"按钮

3.2 了解 DJI GO 4 主界面的各项功能

启动 DJI GO 4 App 之后，进入 DJI GO 4 App 主界面，熟悉 App 主界面上的各功能，对飞行、后期都非常有帮助。当手机、遥控器与飞行器设备之间正常连接后，界面中会提示设备已连接成功，如图 3-12 所示，点击右上角的"设置"按钮 ☰，将会弹出相应的选项，在其中可以查看地图、查看飞行记录以及找飞机等，如图 3-13 所示。

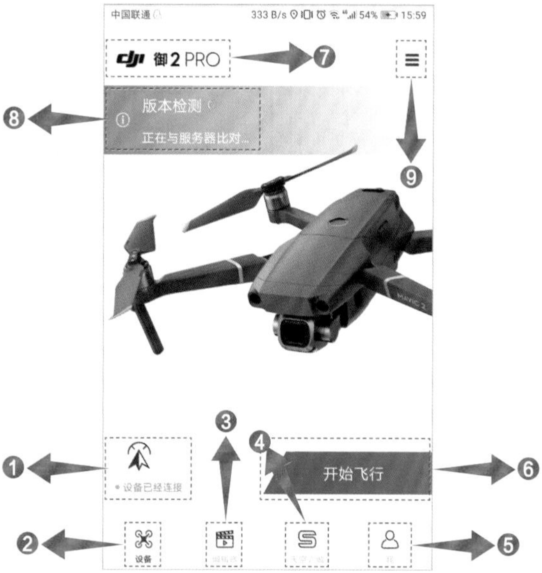

图 3-12　提示设备已连接成功

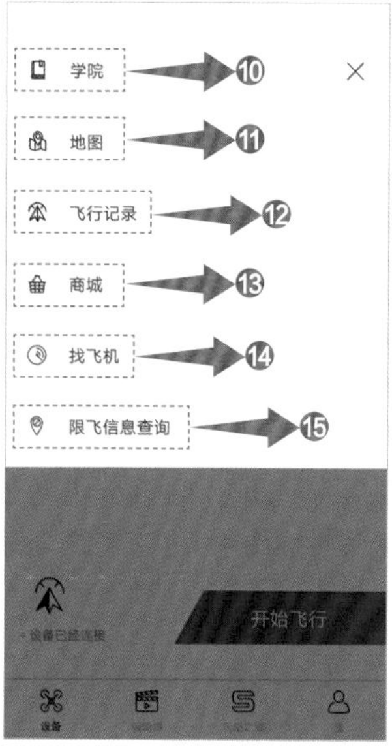

图 3-13　“设置”列表框

① 设备已经连接：表示手机与无人机设备已经成功连接了。

② 设备：在该选项卡中，可以更换无人机设备，与其他设备进行连接。

③ 编辑器：可以对无人机中拍摄的作品进行后期剪辑与合成等操作。

④ 天空之城：在该选项卡中，可以看到很多其他网友发布的航拍作品。

⑤ 我：在该选项卡中，可以查看账号的相关信息，如作品数、粉丝数、关注数等。

⑥ 开始飞行：点击该按钮，可以进入 DJI GO 4 App 的相机界面，开始飞行无人机。

⑦ 御 2 PRO：显示了用户的无人机设备名称。

⑧ 版本检测：自动检测版本系统是否需要升级。

⑨ “设置”按钮：在弹出的列表框中可以查看地图、查看飞行记录以及找飞机等。

⑩ 学院：选择该选项，可以进入“学院”界面，其中有很多飞行知识、技巧供大家学习，还有飞行模拟练习。

⑪ 地图：选择该选项，可以下载离线地图，可以当普通地图使用，但不能提供卫星地图。

⑫ 飞行记录：选择该选项，可以查看自己的飞行记录，比如飞行总时间、飞行总距离等。

⑬ 商城：选择该选项，可以打开浏览器进入大疆商城，在其中可以购买大疆的产品，如相机设备、无人机设备等。

⑭ 找飞机：选择该选项，可以根据无人机最后的飞行位置，找到丢失的无人机，很多大疆用户都是通过这种方法找到丢失的无人机的。

⑮ 限飞信息查询：选择该选项，可以查询无人机限飞的区域。

3.3 认识 DJI GO 4 相机飞行界面功能

当我们将无人机与手机连接成功后，接下来进入相机飞行界面，认识 DJI GO 4 相机界面中的各按钮和图标的功能，可以帮助我们更好地掌握无人机的飞行技巧。在 DJI GO 4 App 主界面中，点击"开始飞行"按钮，即可进入无人机图传飞行界面，如图 3-14 所示。

图 3-14　无人机图传飞行界面

下面详细介绍图传飞行界面中的各按钮含义及功能。

❶ 主界面 **DJI**：点击该图标，将返回 DJI GO 4 的主界面。

❷ 飞行器状态提示栏 飞行中（GPS）：在该状态栏中，显示了飞行器的飞行状态，如果无人机处于飞行状态，则提示"飞行中"的信息。

❸ 飞行模式 Position：显示了当前的飞行模式，点击该图标，将进入"飞控参数设置"界面，在其中可以设置飞行器的返航点、返航高度、新手模式等。

❹ GPS 状态 ：该图标用于显示 GPS 信号的强弱，如果只有 1 格信号，则说明当前 GPS 信号非常弱，强制起飞，将会有炸机和丢机的风险。如果显示 5 格信号，则说明当前 GPS 信号非常强，用户可以放心地在室外起飞无人机设备。

❺ 障碍物感知功能状态 ：该图标用于显示当前飞行器的障碍物感知功能是否能正常工作，点击该图标，将进入"感知设置"界面，可以设置无人机的感知系统以及辅助照明等。

❻ 遥控链路信号质量 ：该图标显示遥控器与飞行器之间遥控信号的质量，如果只有 1 格信号，则说明当前信号非常弱。如果显示 5 格信号，则说明当前信号非常强。点击该图标，

可以进入"遥控器功能设置"界面。

❼ 高清图传链路信号质量 **HD.ₐₗₗ**：该图标显示飞行器与遥控器之间高清图传链路信号的质量。如果信号质量好，则图传画面稳定、清晰；如果信号质量差，则可能会中断手机屏幕上的图传画面信息。点击该图标，可以进入"图传设置"界面。

❽ 电池设置 **84%**：可以实时显示当前无人机设备电池的剩余电量，如果飞行器出现放电短路、温度过高、温度过低或者电芯异常，则界面会给出相应提示。点击该图标，可以进入"智能电池信息"界面。

❾ 通用设置 **•••**：点击该按钮，可以进入"通用设置"界面，在其中可以设置相关的飞行参数、直播平台以及航线操作等。

❿ 自动曝光锁定 **AE**：点击该按钮，可以锁定当前的曝光值。

⓫ 拍照 / 录像切换按钮 **↻**：点击该按钮，可以在拍照与拍视频之间进行切换，当用户点击该按钮后，将切换至拍视频界面，按钮也会发生相应变化，变成录像机的按钮 **↻**。

⓬ 拍照 / 录像按钮 **○**：点击该按钮，可以开始拍摄照片，或者开始录制视频画面，再次点击该按钮，将停止视频的录制操作。

⓭ 拍照参数设置 **⚙**：点击该按钮，在弹出的面板中，可以设置拍照与录像的各项参数。

⓮ 素材回放 **▶**：点击该按钮，可以回看自己拍摄的照片和视频文件，可以实时查看素材拍摄的效果。

⓯ 相机参数 **ISO Shutter F EV WB 自动 / 100 1/400 5.6 -1.3 5600K**：显示当前相机的拍照 / 录像参数，以及剩余的可拍摄容量。

⓰ 对焦 / 测光切换按钮 **▦**：点击该图标，可以切换对焦和测光的模式。

⓱ 飞行地图与状态 **↖**：该图标以高德地图为基础，显示了当前飞行器的姿态、飞行方向以及雷达功能，点击地图图标，即可放大地图显示，查看飞行器目前的具体位置。

⓲ 自动起飞 / 降落 **⬇**：点击该按钮，可以使用无人机的自动起飞与自动降落功能。

⓳ 智能返航 **⚲**：点击该按钮，可以使用无人机的智能返航功能，可以帮助用户一键返航无人机。这里需要注意，当我们使用一键返航功能时，一定要先更新返航点，以免无人机飞到了其他地方，而不是用户当前所站的位置。

⓴ 智能飞行 **🎮**：点击该按钮，可以使用无人机的智能飞行功能，如兴趣点环绕、一键短片、延时摄影、智能跟随、指点飞行等模式。

㉑ 避障功能 **⚠**：点击该按钮，将弹出"安全警告"提示信息，提示用户在使用遥控器控制飞行器向前或向后飞行时，将自动绕开障碍物。

3.4 设置 ISO、光圈与快门的拍摄参数

使用无人机拍摄照片和视频之前，我们需要设置 ISO、光圈与快门的参数，并掌握无人机的 4 种曝光模式，如自动模式、光圈优先模式、快门优先模式、手动模式等，有利于我们航拍出更专业的风光照片。本节针对这些知识进行相关介绍。

开启无人机与遥控设备，进入 DJI GO 4 App 相机飞行界面，点击右侧的"调整"按钮，进入 ISO、光圈和快门设置界面，其中包含 4 种拍摄模式，第一种是自动模式，第二种是光圈优先模式（A 档），第三种是快门优先模式（S 档），第四种是手动模式（M档），如图 3-15 所示，选择不同的模式可以拍摄出不同的照片效果。在每种模式下面，都有 ISO、光圈和快门的参数，用户可以根据实际拍摄需要进行相关设置。

图 3-15 包含 4 种拍摄模式

1. 设置 ISO 感光度

ISO 感光度是按照整数倍率排列的，有 100、200、400、800、1600、3200、6400、12800 等，相邻的两档感光度对光线敏感程度相差一半，在相机设置界面的"自动模式"下，可以滑动 ISO 下方的滑块，调整 ISO 感光度参数。

2. 设置光圈优先模式

在 DJI GO 4 App 的"调整"界面中，选择 A 档，即可进入光圈优先模式，在下方滑动光圈参数，可以任意设置光圈大小。光圈是一个用来控制光线透过镜头、进入机身内感光面光量的装置。光圈越大，进光量越大；光圈越小，进光量也越小。

3. 设置快门优先模式

在 DJI GO 4 App 界面中，将拍摄模式调至 S 档（快门优先模式），在下方滑动快门参数，可以任意设置快门速度。快门一般的表示方法是 1/100、1/30、5、8 等，快门速度就是"曝光时间"，指相机快门从打开到关闭的时间，快门是控制照片进光量一个重要的参数，控制着光线进入传感器的时间。

4. 手动模式

在 M 档手动模式下，拍摄者可以任意设置照片的拍摄参数，对于感光度、光圈、快门都可以根据实际情况进行手动设置，M 档是专业摄影师最喜爱的模式，因为在此模式下可以自由调节拍摄参数。

有关无人机的 ISO、光圈与快门的原理，以及参数的设置技巧等，与单反相机的设置方法是一样的，有一定摄影基础的用户都会操作。如果是无人机新手用户，则建议先使用默认的自动模式来拍摄照片与视频，待自己的摄影水平有一定的提高之后，再使用手动模式来调节拍摄参数，掌握照片的曝光效果。

3.5 设置拍照片的各种拍摄参数与模式

在航拍照片之前，还需要根据照片的用途来设置照片的拍摄参数，比如照片的拍摄尺寸、拍摄格式、拍摄模式等，不同的参数设置可以得到不同的照片效果。

进入相机调整界面，点击"照片比例"选项，如图 3-16 所示。进入"照片比例"设置界面，在其中选择需要拍摄的照片尺寸，如图 3-17 所示。

图 3-16　点击"照片比例"选项

图 3-17　选择需要拍摄的照片尺寸

在相机调整界面中，点击"照片格式"选项，进入"照片格式"设置界面，第一种是 RAW 格式，第二种是 JPEG 格式，第三种是 JPEG+RAW 的双格式，如图 3–18 所示。建议用户选择第一种 RAW 格式进行拍摄，这样可以保留照片的最大信息，便于后期调整。

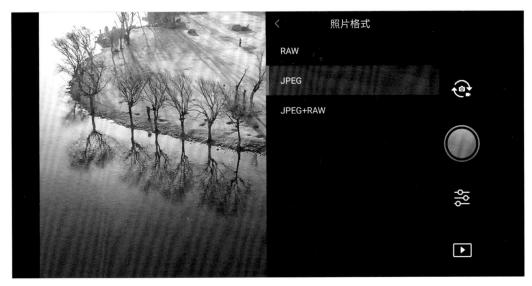

图 3–18　"照片格式"界面

在相机调整界面中，点击"拍照模式"选项，在其中可以选择需要使用的拍照模式，如图 3–19 所示。

图 3–19　可以选择需要使用的拍照模式

下面简单介绍各种拍照模式的含义。

➤ 单拍：拍摄单张照片。

➤ HDR：全称是 High-Dynamic Range，是指高动态范围图像，相比普通图像，HDR 可以保留更多的阴影和高光细节。

➤ 纯净夜拍：可以用来拍摄夜景照片。

➤ 连拍：连续拍摄多张照片。

➤ **AEB 连拍**：包围曝光，有 3 张和 5 张的选项，相机以 0.7 的增减连续拍摄多张照片，适用于拍摄静止的大光比场景。

➤ **定时拍摄**：以所选的间隔时间连续拍摄多张照片，下面有 9 个不同的时间可供选择，适合用户拍摄延时作品。

➤ **全景**：全景模式是一个非常好用的拍摄功能，用户可以拍摄 4 种不同的全景照片，即球形全景、180° 全景、广角全景和竖拍全景。

如图 3-20 所示为笔者在子梅垭口使用全景模式航拍的照片。

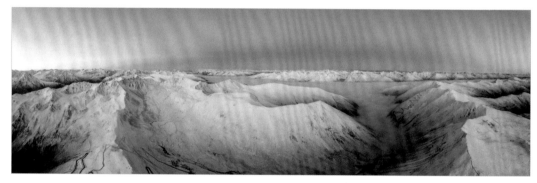

图 3-20　使用全景模式航拍的照片

用户在拍摄照片时，有时也需要对相机的参数进行相关设置，如是否保存全景照片、是否显示直方图、是否锁定云台、是否使用风格构图以及照片的存储位置等，设置好这些参数，可以帮助用户更好地拍摄照片。操作方法：进入相机调整界面，点击右上方的"设置"按钮 ⚙，进入相机设置界面，用户可根据实际需要进行设置，如拍摄选项、是否显示网格以及照片存储位置等，如图 3-21 所示。

图 3-21　进入相机设置界面

设置拍视频的各种拍摄参数与选项

使用无人机拍摄短视频之前，也需要先对视频的相关参数进行设置，使拍摄的视频文件更加符合用户的需求，如果视频选项设置不当，就有可能导致视频白拍了。

切换至"录像"模式 ，点击右侧的"调整"按钮 ，继续点击"视频"按钮 ，然后点击"视频尺寸"选项，如图 3-22 所示。进入"视频尺寸"界面，建议大家选择 4K 的视频尺寸，因为这种视频的尺寸分辨率高、画质佳，在视频尺寸下还可以选择视频的帧数，如图 3-23 所示。在视频设置界面中点击"视频格式"选项，进入"视频格式"界面，在其中有两种视频格式可供用户选择：一种是 MOV 格式；另一种是 MP4 格式，如图 3-24 所示。

图 3-22　点击"视频尺寸"　　图 3-23　选择 4K 视频尺寸　　图 3-24　选择视频格式
　　　　　　　　　　　　　　　及视频的帧数

 使用自带编辑器剪辑与合成视频

DJI GO 4 App 中自带"编辑器"功能，利用"编辑器"功能用户可以制作和剪辑出自己想要的视频效果，还可以调整视频的亮度、对比度以及饱和度等，使视频画质更符合用户的需求。处理好视频画面后，还可以为视频添加背景音乐和字幕效果，然后将视频进行输出操作，将视频分享至朋友圈或其他个人媒体网站上。

STEP 01 在"编辑器"中，点击"影片 - 自由编辑"按钮，如图 3-25 所示。

STEP 02 进入"图库"素材界面，选择需要编辑的视频，如图 3-26 所示。

STEP 03 点击"创建作品"按钮，进入视频编辑界面，其中显示了刚添加的视频并自动播放视频画面，如图 3-27 所示。

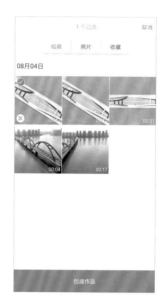

图 3-25　"创作"界面　　　图 3-26　选择需要编辑的视频　　图 3-27　显示并自动播放视频

STEP 04 点击视频片段，进入单独编辑界面，在下方向右滑动滑块，将速度调整至 4.0x，加快视频的播放速度，视频由 47 秒变成了 12 秒，如图 3-28 所示。

STEP 05 点击"饱和度"标签，向右拖动滑块加强视频画面的饱和度，如图 3-29 所示。

STEP 06 点击右下角的"确认"按钮 ✔，返回编辑界面，手动拖动视频右端的控制柄，向左拖动，裁剪视频片段为 10 秒短视频，如图 3-30 所示。

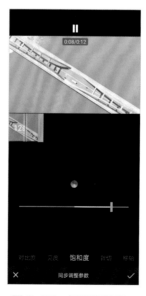

图 3-28　调整播放速度　　　图 3-29　加强饱和度　　　图 3-30　裁剪视频片段

STEP 07 在下方点击"音乐"图标 ♫，进入音乐编辑界面，在其中为视频选择一段背景音乐，有时尚、史诗、运动、积极、振奋、温和等音乐类型，如图 3-31 所示。

STEP 08 点击界面下方的"文字"图标 **T**，进入文字编辑界面，选择相应的字体样式，还可以手动输入文字内容，如图 3-32 所示。

STEP 09 视频编辑完成后，点击右上角的"完成"按钮，开始导出视频，如图 3-33 所示。

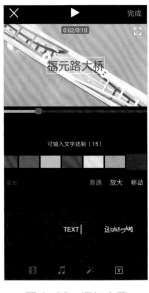
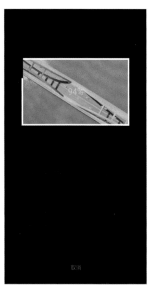

图 3-31　添加音乐　　　　　图 3-32　添加字幕　　　　　图 3-33　导出视频

STEP 10 视频导出完成后，预览剪辑、制作的视频画面效果，如图 3-34 所示。

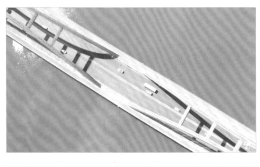
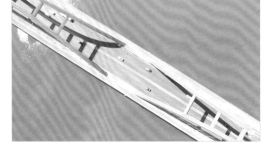
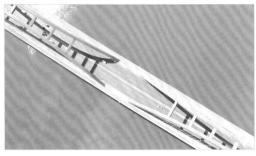
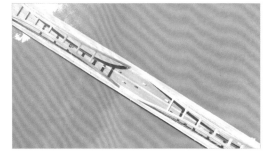

图 3-34　预览剪辑、制作的视频画面效果

3.8 查看飞行记录及隐私设置

在 DJI GO 4 App 主界面中，用户可以查看自己的飞行记录，如飞行总时间、总距离、总次数等，在 DJI GO 4 App 主界面中，点击"我"按钮，进入个人信息界面，点击"飞行记录"按钮，如图 3-35 所示，在其中可以查看自己的飞行记录，如图 3-36 所示，界面下方显示一个"记录列表"，可以显示具体的飞行数据，如图 3-37 所示。

图 3-35 点击"飞行记录"按钮　　图 3-36 查看自己的飞行记录　　图 3-37 显示飞行数据

3.9 飞行前一天，检查固件是否需要升级

在飞行的前一天，一定要开启一次无人机，检查系统固件是否需要升级，因为每隔一段时间，大疆都会对无人机系统进行升级操作，以修复系统漏洞，使无人机在空中更安全地飞行。每次固件升级都需要很长时间，有时候会浪费 50% 的电量，而无人机的电池只能用 30 分钟左右，电量非常珍贵，如果在起飞前进行固件升级，就会浪费电量，必然会影响飞行的时间。所以，我们要提前 1 天检查系统固件是否需要进行升级。

在固件升级时，用户一定要保证有充足的电量，如果在升级过程中突然断电，则可能会导致无人机系统出现崩溃的现象。下面介绍固件升级的操作过程。

STEP 01 开启无人机，DJI GO 4 App 会进行系统版本的检测，界面上会显示相应的检测提示信息，如图 3-38 所示。

STEP 02 如果系统版本是最新的，就不需要升级，系统可以正常使用，如图 3-39 所示。

图 3-38　检测提示信息　　　　图 3-39　设置已检测完毕

STEP 03 如果系统版本不是最新的，则界面会弹出提示信息，提示用户固件版本不一致，请用户确认是否刷新固件，如图 3-40 所示。

STEP 04 从左向右滑动"滑动来刷新"按钮，此时该按钮呈绿色显示，如图 3-41 所示。

图 3-40　提示用户固件版本不一致　　　　图 3-41　该按钮呈绿色显示

STEP 05 稍后，界面上方显示固件"正在升级中"，并显示升级进度，如图 3-42 所示。

STEP 06 点击升级进度信息，进入"固件升级"界面，其中显示了系统更新的日志信息，如图 3-43 所示。

图 3-42　显示升级进度　　　　　　　图 3-43　显示系统更新的日志信息

STEP 07 　待系统更新完成后，弹出提示信息框，提示用户"升级已完成，请手动重启飞行器"，点击"确定"按钮，如图 3-44 所示。

STEP 08 　重新启动飞行器，在手机屏幕中点击"完成"按钮，如图 3-45 所示，即可完成固件的升级操作。

图 3-44　点击"确定"按钮　　　　　　图 3-45　点击"完成"按钮

| 第 4 章 |

航拍城市建筑：
学会起飞与简单飞行

掌握了 DJI GO 4 App 的相关功能后，接下来我们带上
无人机出去试飞一下，领略城市的风光美景，以鸟瞰的视角
来俯瞰城市，一定会让你惊叹。在起飞之前，我们还有一系
列的准备工作要做。起飞之后，本章也详细介绍了如何拍摄
城市建筑风光，希望读者熟练掌握本章的入门内容。

- 注意事项：航拍城市风光需要注意的要点
- 限飞区域：提前查询，有些地方千万不能飞
- 准备工作：在城市中首飞，这些准备工作一定要做
- 检查清单：飞行前的再次确认，万无一失
- 校准指南针：开启飞行器与遥控器进行校准
- 自动起飞：从建筑的底端开始往上飞
- 上升下降：从下往上或从上往下拍摄建筑群
- 左移右移：采用横移的方式拍摄建筑群
- 指点飞行：从远及近拍摄城市建筑的正面
- 环绕飞行：围绕地标建筑 360°旋转拍摄
- 中心线构图：将地标建筑放在画面正中心
- 自动降落：使用自动功能降落无人机

4.1 注意事项：航拍城市风光需要注意的要点

城市风光很美、很繁华，是很多人向往的地方，我们在航拍城市风光照片之前，有一些拍摄事项需要注意，要提前规避炸机风险，保证安全飞行、高质量出片。

（1）注意电线杆：城市上空有很多电线杆、高压线、信号塔之类的，飞行时一定要远离这些对信号有干扰作用的环境。

（2）远离人群：城市中的人群比较多，为了避免发生第三者损伤，一定不要在人群密集的地方飞行，更不能在人群头顶上飞行，以防无人机失控掉下来。

（3）合理选择信道：城市中信号干扰多，无人机飞行时会被很多其他的信号干扰，从而影响在空中的稳定性，这时要选择信道干净的频段来回传图像，城市中 2.4G 设备比较多，那么相对来说 5.8G 的信道更通畅。我们可以在 App 的"图传设置"中，自定义"频段"为 5.8G，这样信号更加稳定，如图 4-1 所示。

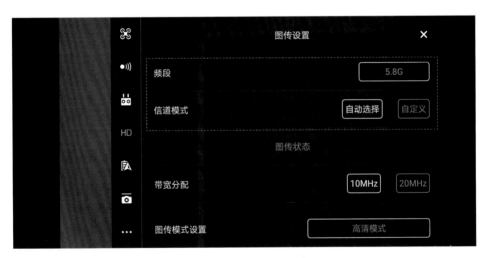

图 4-1　合理选择信道

（4）指南针的校正：指南针是比较重要的传感器，在飞行无人机之前一定要校准指南针，校准指南针之后，可以使飞行的精度更高、更安全。

（5）绕开高楼大厦：无人机在城市中飞行时，会遇到很多高楼大厦，而这些大厦中的很多设备会影响无人机的信号接收，导致 GPS 或指南针异常，特别是绕过大楼飞行，当我们看不到无人机时，不知道无人机飞行的周围是什么样的环境，如果再没有图传信号，这种情况就十分危险。所以，在城市中航拍一定要飞得高一点，减少低空飞行。

（6）天空中是否有云彩：云彩是城市航拍中最好的一道风景，如果我们需要拍摄一段城市风光短片，那么城市上空有云彩和没有云彩，最后拍摄出来的画面区别还是蛮大的。如果天空中有云彩飘动，整个画面给人的感觉就会非常纯洁、干净，蓝天、白云和城市，这是最美的画面。所以，在航拍之前，我们需要抬头望望天空，今天是否有云彩。

4.2 ▶ 限飞区域：提前查询，有些地方千万不能飞

现在很多城市都禁飞，在禁飞区起飞无人机是违法行为，轻则会被没收无人机，严重的会被拘留。在北京的行政区域内，高度从地面至无限高，禁止一切飞行活动，也就是说，无人机不能离开地面，北京市任何时段 6 环内都禁飞，还包括 6 环外的昌平、顺义、怀柔、密云、延庆、平谷、门头沟等区域。如果需要飞行，则需要北京空管部门审批，向公安机关报备。

关于广州市的禁飞政策，以白云机场基准点为圆心半径 55 公里范围构成的区域为白云机场净空保护区域，禁止无人机飞行，范围包括广州市、佛山市、清远市、东莞市、四会市等多个市及区。中国民用航空局已经开始实行民用无人机实名登记注册制度，如果用户需要去某些国家旅游，也要先了解这个国家有没有要求个人对持有的无人机进行登记备案，对于具体情况用户可以登录相关网站进行查阅。

打开大疆平台的"安全飞行指引"网页，在网页中滚动页面，在下方单击"限飞区查询"按钮，即可打开相应网页，限飞区将以粉红色显示，像一个糖果形状，如图 4-2 所示，用户还可以通过网页上方的搜索栏，搜索相应的区域，查看该区域是否为禁飞区。

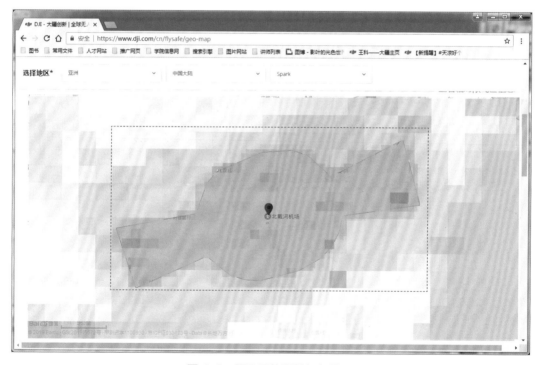

图 4-2　限飞区将以粉红色显示

专家提醒

无人机在靠近限飞区域时，其性能会受到不同程度的影响，如无人机的飞行速度会被减速、无法进行相关飞行操作、正在执行的飞行操作被中止等。所以，用户很有必要了解自己所要飞行的区域是否为禁飞区。

除了机场禁飞，一些主要城市全城禁飞，还有一些人群密集的区域，如商业区、演唱会、大型活动等，都属于禁飞区，军事重地、政府机关单位也是禁飞区，这些地方都比较敏感，用户飞行无人机的时候一定要注意。

所以，尽管城市中有很多美景，我们如果想在城市中的某个地方起飞，也要先查询一下这个地方是否是限飞区域，给无人机的安全多一分保障。

　　用户不仅可以通过电脑查询无人机的限飞区域，还可以通过手机进行查询，进入 DJI GO 4 App 主界面，点击右上角的"设置"按钮▤，在弹出的列表框中点击"限飞信息查询"按钮，即可打开 DJI 大疆"限飞区查询"界面，在界面上方的"搜索栏"中，输入相应的地点，即可查询无人机的限飞区域，如图 4-3 所示。

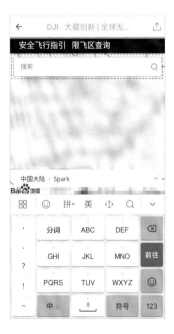

图 4-3　查询无人机的限飞区域

4.3　准备工作：在城市中首飞，这些准备工作一定要做

　　很多航拍摄影师都居住在城镇或城市中，初次起飞也是从城市开始的。初次起飞时，很多摄友的心里都非常紧张，毕竟无人机的价格很贵，如果因为自己的一时疏忽摔坏了可不好。所以在起飞前，需要熟知起飞的各种事项，为起飞做好一系列的准备工作，以免飞行中状况不断，影响飞行的安全性与航拍的质量。

1. 提前查看拍摄天气与拍摄环境

每一场拍摄都是经过精心策划和准备的，在拍摄之前，一定要提前一天查看当天的天气情况，不然当你一切准备就绪，突然来了一场大雨，此时所有的拍摄计划就全部泡汤了，会浪费更多的人力和物力。所以查看拍摄当天的天气很重要。我们可以通过手机系统自带的 App 查看未来 2 ～ 3 天的天气预报，向左滑动还能精准查看未来 24 小时天气状况，如图 4-4 所示。

不仅要提前一天查看拍摄当天的天气，还要提前一天查看拍摄的环境，飞行的高空区域是否有高压线，周围是否有信号塔，是否有政府机关单位，这些都是关键的因素，需要提前一天进行确认，这样好规划航行路线，降低拍摄风险。

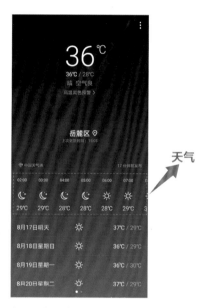

天气

图 4-4　提前一天查看天气预报

2. 提前检查无人机设备是否正常

需要提前一天检查无人机设备是否正常：检查机身是否有裂纹或损伤；检查机身的螺旋桨是否拧紧；检查电池是否安紧，是否充满电，备用电池有没有在包里，遥控器和手机是否已充满电，检查内存卡是否已安装在无人机上，卡里是否还有存储空间，有没有带上备用 SD 卡。还要根据拍摄内容的多少，考虑是否有必要带上充电宝。

这些都需要一一检查，以免拍摄当天发现电池忘记充电了，浪费时间。

3. 在纸上规划好拍摄内容与行程

只有做到有计划、有准备地拍摄，心里才不会慌乱，在无人机飞上天之前就应知道自己需要拍什么，这样就不会浪费无人机在空中悬停的时间，毕竟电池电量有限，需要规划好，不然素材没拍完，电池就已经没电了。

下面列出相关的素材拍摄清单：

（1）你准备在什么时间拍摄：早晨？上午？中午？下午？还是晚上？

（2）你准备要拍什么？拍哪个对象？往哪个方向进行拍摄？

（3）使用无人机是准备拍照片，还是拍视频，还是拍延时视频？

（4）准备拍摄多少张照片？多少段视频？

（5）准备拍摄多大像素的照片？多大尺寸的视频？

（6）你要运用哪些模式进行拍摄？如单拍？连拍？夜景拍摄？全景拍摄？竖幅拍摄？

在本子上，将你要拍摄的具体内容以及相关的飞行路线写下来。

4. 如果拍摄夜景，那么白天一定要踩点

夜景很美，特别是上海的夜景，如果用户准备夜晚飞行无人机，航拍城市灯火阑珊的夜景，那么白天一定要去踩点，这样做的目的是更安全地飞行无人机。因为夜晚受光线的影响，视线会受阻碍，天空中是什么样我们根本看不清楚，我们不知道要飞行的区域上空有没有电线，有没有障碍物或高大建筑等，只有在白天，才看得清楚。因此，白天踩点可以帮助用户更好地规划行程和飞行路线，给无人机创造一个安全的飞行环境。

5. 对镜头进行清洁工作

云台用久了，镜头上就会有灰尘，这样拍摄出来的画质就不太清晰，有时候还会有噪点，所以我们在拍摄之前需要对镜头进行清洁工作，保证镜头干净、清晰。

4.4 检查清单：飞行前再次确认，万无一失

飞行前，我们可以按照以下顺序，再次检查、开启无人机，确保起飞的安全性：

（1）将无人机放在干净、平整的地面上起飞。

（2）取下相机的保护罩，确保相机镜头的清洁。

（3）首先开启遥控器，然后开启无人机。

（4）正确连接遥控器与手机。

（5）校准指南针信号和 IMU。

（6）等待全球定位系统锁定。

（7）检查 LED 显示屏是否正常。

（8）检查 DJI GO 4 App 启动是否正常，图传画面是否正常。

（9）如果一切正常，就可以开始起飞。

取下云台保护罩、安装电池、展开机臂、安装螺旋桨等内容在第 1 章中已经详细地讲解过，这里不再重复介绍。

 4.5 校准指南针：开启飞行器与遥控器进行校准

由于城市中的信号干扰多，在我们每次起飞无人机之前，最好都要先校准 IMU 和指南针，确保罗盘正确是非常重要的一步，特别是每当我们去一个新的地方开始飞行的时候，一定要记得先校准指南针，再开始飞行，这样有助于无人机在空中安全飞行。下面介绍校准 IMU 和指南针的操作方法。

STEP 01 当开启遥控器，打开 DJI GO 4 App，进入飞行界面后，如果 IMU 惯性测量单元和指南针没有正确运行，那么此时系统在状态栏中会有相关提示信息，如图 4-5 所示。

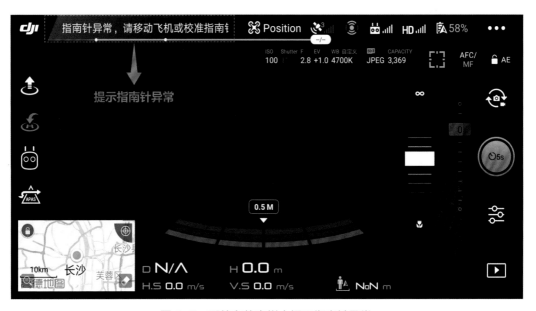

图 4-5 系统在状态栏中提示指南针异常

STEP 02 点击状态栏中的"指南针异常……"提示信息，进入"飞行器状态列表"界面，如图 4-6 所示，其中"模块自检"显示为"固件版本已是最新"，表示固件无须升级，但是下方的指南针异常，系统提示飞行器周围可能有钢铁、磁铁等物质，用户应带着无人机远离这些有干扰的环境。点击右侧的"校准"按钮。

STEP 03 弹出信息提示框，点击"确定"按钮，如图 4-7 所示。

STEP 04 进入校准指南针模式，按照界面提示水平旋转飞行器 360°，如图 4-8 所示。

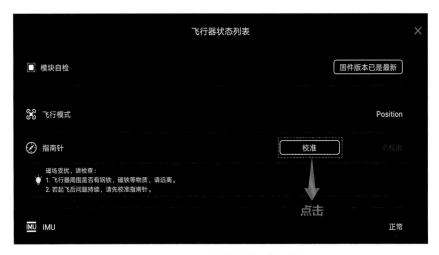

图 4-6　点击右侧的"校准"按钮

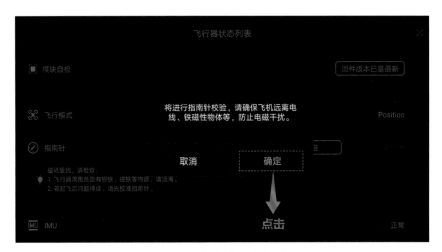

图 4-7　点击"确定"按钮

图 4-8　水平旋转飞行器 360°

STEP 05 水平旋转完成后，界面中继续提示用户竖直旋转飞行器 360°，如图 4-9 所示。

图 4-9　竖直旋转飞行器 360°

STEP 06 当用户根据界面提示进行正确操作后，手机屏幕上将弹出提示信息框，提示用户"指南针校准成功"，点击"确认"按钮，如图 4-10 所示。

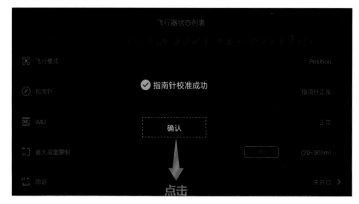

图 4-10　点击"确认"按钮

STEP 07 完成上述操作即可完成指南针的校准操作，返回"飞行器状态列表"界面，此时"指南针"选项右侧将显示"指南针正常"的信息，下方的 IMU 右侧也显示为"正常"，如图 4-11 所示。

图 4-11　完成指南针的校准操作

4.6 自动起飞：从建筑的底端开始往上飞

当我们校准指南针之后，就可以选择一个干净、开阔的地方起飞无人机了。下面介绍自动起飞的操作方法：

STEP 01 打开 DJI GO 4 App，左下角提示设备已经连接，点击右侧的"开始飞行"按钮。

STEP 02 进入 DJI GO 4 飞行界面，当用户校正好指南针后，状态栏中将提示"起飞准备完毕（GPS）"的信息，表示飞行器已经准备好，点击左侧的"自动起飞"按钮 🛫。

STEP 03 弹出提示信息框，提示用户确认是否自动起飞，根据提示向右滑动起飞，如图 4-12 所示，此时无人机即可自动起飞，当无人机上升到 1.2m 的高度后，将自动停止上升。

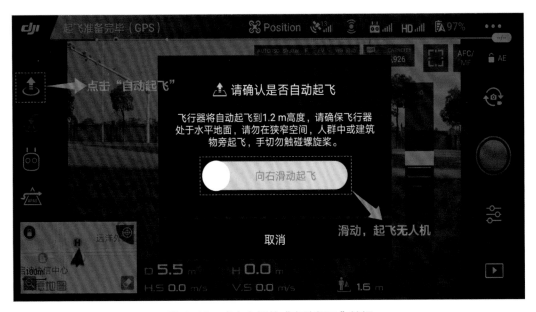

图 4-12 点击左侧的"自动起飞"按钮

4.7 上升下降：从下往上或从上往下拍摄建筑群

如果要拍摄大片的建筑群，则可以用最简单的上升、下降的拍摄手法，展示出建筑的宽广，从下往上拍，或者从上往下拍，视觉冲击力都比较强。如果要拍摄建筑的局部细节，则可以将无人机靠近建筑拍摄。在城市中，上升、下降航拍建筑的具体步骤如下：

STEP 01 开启无人机后，将左侧的摇杆缓慢地往上推，如图 4-13 所示。

STEP 02 表示无人机将进行上升飞行，推杆的幅度轻一点，缓一点，在不断地上升过程中拍摄城市的建筑群，如图 4-14 所示。

左侧摇杆

图 4-13　将左侧的摇杆缓慢地往上推

图 4-14　在上升过程中拍摄城市的建筑群

STEP 03 ▶　将左侧的摇杆缓慢地往下推，如图 4-15 所示。

STEP 04 ▶　无人机即可开始向下降落，如图 4-16 所示，在下降时一定要慢，以免气流影响无人机的稳定性。

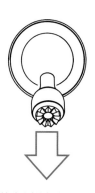

左侧摇杆

图 4-15　将左侧的摇杆缓慢地往下推

图 4-16　无人机开始向下降落

4.8 ▶ 左移右移：采用横移的方式拍摄建筑群

采用左移右移的方式拍摄建筑群，可以使左侧或右侧不断地出现新的建筑群和城市风光，给镜头带来新鲜感。下面介绍采用横移的方式拍摄建筑群的方法：

STEP 01 ▶　调整好镜头的角度，将右侧的摇杆缓慢地往右推，如图 4-17 所示。

STEP 02 ▶　执行操作后，无人机即可向右飞行，如图 4-18 所示。

STEP 03 ▶　调整好镜头的角度，将右侧的摇杆缓慢地往左推，如图 4-19 所示。

STEP 04 ▶　执行操作后，无人机即可向左飞行，如图 4-20 所示。

右侧摇杆

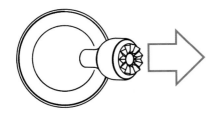

图 4-17　将右侧的摇杆缓慢地往右推　　　图 4-18　向右飞行拍摄城市的建筑群

右侧摇杆

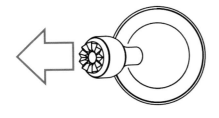

图 4-19　将右侧的摇杆缓慢地往左推　　　图 4-20　向左飞行拍摄城市的建筑群

4.9 指点飞行：从远及近拍摄城市建筑的正面

　　指点飞行是指指定飞行器向所选目标区域飞行，主要包含 3 种飞行模式：一种是正向指点，一种是反向指点，还有一种是自由朝向指点。用户可根据需要进行选择，如图 4-21 所示。

图 4-21　指点飞行的 3 种模式

▶ **正向指点：**飞行器向所选目标方向前进飞行，前视视觉系统正常工作。

▶ **反向指点：**飞行器向所选目标方向倒退飞行，后视视觉系统正常工作。

▶ **自由朝向指点：**飞行器向所选目标前进飞行，用户可以自由控制摇杆航向。

操作方法：在 DJI GO 4 App 飞行界面中，❶点击左侧的"智能模式"按钮📷；❷在弹出的界面中点击"指点飞行"按钮，进入"指点飞行"飞行模式；❸选择"正向指点"模式；❹点击屏幕中建筑位置的"GO"按钮，即可使用"指点飞行"模式航拍建筑。如图 4-22 所示为"正向指点"模式下录制的视频效果。

图 4-22　使用"正向指点"模式航拍建筑

4.10 环绕飞行：围绕地标建筑 360° 旋转拍摄

环绕飞行是指围绕某一个建筑物体进行 360° 环绕飞行拍摄，这样能最大限度地展现建筑主体，形成 360° 观景效果，如图 4-23 所示，以左侧地标建筑为中心点，让无人机围绕建筑环绕 360° 进行飞行拍摄。

图 4-23　让无人机围绕建筑环绕 360° 进行飞行拍摄

下面介绍环绕飞行的具体打杆技巧：

STEP 01 将无人机上升到一定高度，相机镜头朝前方，平视拍摄主体对象。

STEP 02 右手向左拨动右摇杆，无人机将向左侧侧飞，推杆的幅度要小一点，油门给小一点，同时左手向右拨动左摇杆，使无人机向右旋转，也就是摇杆同时向内打杆。当侧飞的偏移和旋转的偏移达到平衡后，可以将目标锁定在画面中间，这是顺时针旋转的方法。

STEP 03 如果需要逆时针环绕则只需左右摇杆同时向外即可（这里需要注意一点，用户推杆的幅度决定画圆圈的大小和完成飞行的速度）。

专家提醒

新手在进行环绕飞行操作的时候，如果觉得操作较难、过于复杂，则可以在"飞控参数设置"界面中打开"高级设置"界面，在其中自行调整操控手感设置，降低遥控杆的灵敏程度，默认是 0.4，新手可以将其调到 0.2 或 0.3，前期练习相对来说比较安全。

4.11 中心线构图：将地标建筑放在画面正中心

每个城市都有地标性建筑，我们在航拍城市全景照片时，可以将地标建筑放在画面的正中心位置，突出地标主体。此时我们可以采取中心线构图，这种构图的核心是将地标建筑置于画面最中心的位置，优势在于简单、明了，使画面简洁，使画面中的地标建筑更加突出，可以聚焦、吸引观众的视线，如图 4-24 所示。

图 4-24 将地标建筑放在画面正中心

4.12 自动降落：使用自动功能降落无人机

使用"自动降落"功能可以自动降落无人机，在操作上也更加便捷，但在降落过程中用户要确保地面无任何障碍物，因为使用自动降落功能后，无人机的避障功能会自动关闭，无法自动识别障碍物。下面介绍自动降落无人机的操作方法。

STEP 01 　在飞行界面中，点击左侧的"自动降落"按钮 ，弹出提示信息框，提示用户确认是否要自动降落，点击"确认"按钮，如图 4-25 所示。

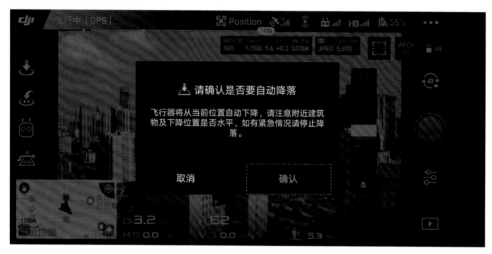

图 4-25　点击"确认"按钮

STEP 02 　无人机开始自动降落，页面中提示"飞行器正在降落，视觉避障关闭"的信息，如图 4-26 所示，用户要保证无人机下降的区域内没有任何遮挡物或人，当无人机下降到水平地面上，即可完成自动降落操作。

图 4-26　无人机开始自动降落

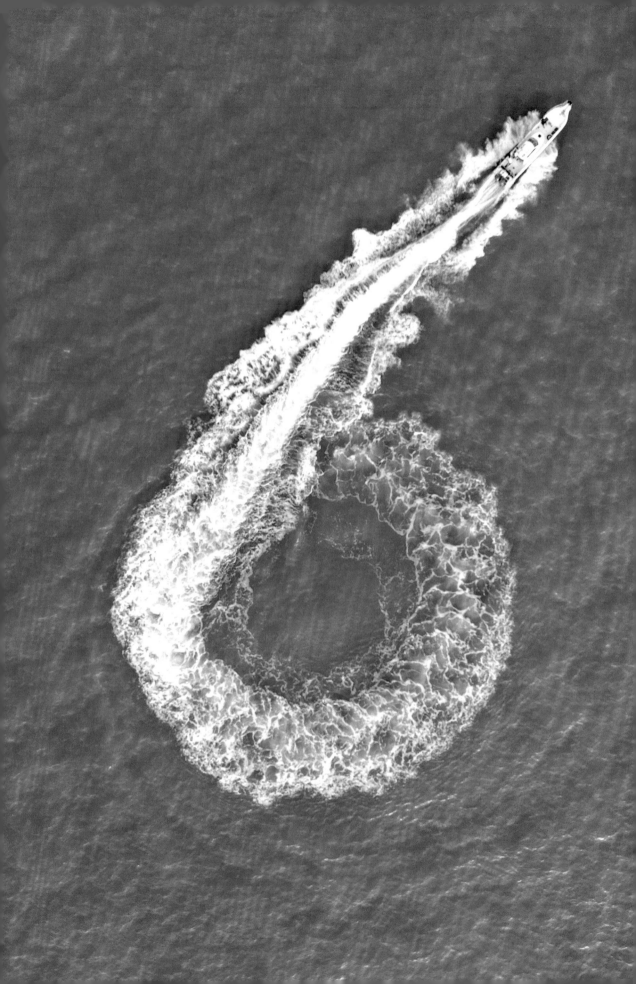

第 5 章

航拍公园风景：
用不一样的视角来飞拍

公园一般有两种不同的类型：一种是城市里面的小公园，供人们傍晚散步、清晨锻炼的地方；另一种是比较偏僻的国家森林公园，适合户外运动、徒步旅行、还适合家庭一日游。本章主要介绍航拍公园风景的方法，讲解航拍前的注意事项，以及多种飞行手法，帮助大家拍出优美的公园风景。

- 注意事项：航拍公园风光需要注意的要点
- 提前规划：确定需要拍摄的公园素材
- 手动起飞：在公园中起飞无人机
- 直线飞行：一直往前航拍公园风光
- 后退飞行：让前景更具视觉冲击力
- 垂直向下：垂直 90° 俯拍公园美景
- 智能跟随：跟拍森林公园中行驶的汽车
- 紧急停机：飞行时遇到紧急情况的操作
- 斜线构图：拍摄上下缆车或人行栈道
- 自动返航：更新返航点，智能飞回

5.1 注意事项：航拍公园风光需要注意的要点

公园的风景很美，各类植物使公园里空气清新，不仅适合散步、户外运动，还适合摄影，用无人机拍下公园的全景或局部，将会是非常美的一幅山水画。那么，我们在拍摄公园的时候，需要注意哪些方面呢？下面来看看注意事项。

1. 先查查这个公园是否限飞

在第 4 章中，详细介绍了查询限飞区域的方法，在公园中起飞时，也要先查询一下，要确定你所在的公园是不是国家的重点保护区，能不能进行无人机的航拍，如果你没有得到允许就在该公园内飞行无人机，那么有可能会违反相关的法律条款。

在大多数国家的自然保护区内，飞行无人机是非法的，比如美国的所有公园内都禁止飞行无人机，而华盛顿这个城市则全城禁飞。

2. 周末或节假日，不适合飞

周末或节假日，公园中会有很多人，人们经过劳累工作之后，都想出来散散步、解解压，有的是一家三口，有的是闺密聚会，所以在周末或节假日，公园里的游客会有很多，小孩子也有很多，这种情况下是不适合飞行的，特别是对于新手，在无法完全掌控无人机的时候，最好不要在人多的地方飞行，以降低飞行风险。

3. 在公园中飞行，要注意动物

在有些国家森林公园里面，会有很多野生动物，我们在公园中飞行无人机的时候，要注意与动物保持一定的距离，如图 5-1 所示，很多动物都视无人机为危险对象，不管是动物受伤，还是无人机受伤，结果都是不好的。

图 5-1 要注意与动物保持一定的距离

4. 在水面上飞行，要特别注意

现在很多公园的绿化都做得很好，公园中有山、有水、有池塘，所以使用无人机在公园水面上飞行的时候，一定要特别注意，无人机沿着水面飞行的时候，下视视觉系统会受到干扰，无法识别无人机与水面的距离，即使无人机有避障功能，当它在水面上飞行的时候，由于水是透明的，无人机的感知系统也会受到影响，一不小心无人机就会开到水里面去了。

如果我们一定要在水面上飞行无人机，切记不要让无人机贴着水面飞，可以飞得稍微高一点，如图 5-2 所示，这样飞行才安全。

图 5-2　无人机与水面保持一定距离

5.2 提前规划：确定需要拍摄的公园素材

我们在公园中拍摄之前，一定要提前规划，确定我们需要拍摄的内容。

（1）确定航拍对象：航拍森林全景，航拍动物，还是航拍山水风光？

（2）确定航拍路线：要以怎样的路线进行飞行航拍？

（3）确定航拍手法：以俯拍，仰拍，还是垂直 90° 拍摄？

（4）确定拍摄画面：需要拍摄几段公园的视频或者多少张照片？尽量在原计划上多拍摄出一倍的量，以供后期有足够的空间来挑选素材。

（5）心中提前演练：先在自己的脑海中全部演练一遍，从起飞到拍摄、到后期处理，到成品出片，按照你想要的成品视频画面，再倒推，你需要拍摄哪些画面，需要几段视频或照片，需要从哪些角度去拍摄？这样倒推演示一遍，会让你更加有信心。

当你确定好了计划，做了充足的准备与规划之后，再开始起飞无人机，这样的拍摄效果会事半功倍，既轻松又高效。

 **手动起飞：在公园中起飞无人机**

准备好遥控器与飞行器后，接下来开始学习如何在公园中手动起飞无人机。

STEP 01 将无人机放在一块干净的平地上，开启遥控器与飞行器，打开 DJI GO 4 App，进入 DJI GO 4 App 主界面，左下角提示设备已经连接，点击右侧的"开始飞行"按钮。

STEP 02 进入 DJI GO 4 飞行界面，校正好指南针后，状态栏中提示"起飞准备完毕（GPS）"的信息，表示飞行器已经准备好，如图 5-3 所示。

图 5-3　提示"起飞准备完毕（GPS）"的信息

STEP 03 接下来，通过拨动操作杆的方向来启动电机，可以将两个操作杆同时往内摇杆，如图 5-4 所示，即可启动电机，此时螺旋桨启动，开始旋转。

STEP 04 接下来，开始起飞无人机，将左摇杆缓慢向上推动油门，如图 5-5 所示，飞行器即可起飞，慢慢上升，至此完成无人机的手动起飞操作。

 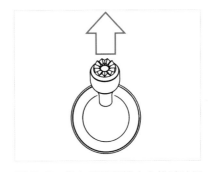

图 5-4　将两个操作杆同时往内摇杆　　　　图 5-5　将左摇杆缓慢向上推动油门

5.4 直线飞行：一直往前航拍公园风光

直线飞行就是指一直向前飞行，操作方法：❶将左侧的摇杆缓慢往上推，将无人机上升到一定的高度；❷将右侧的摇杆缓慢往上推，无人机即可直线向前飞行，如图 5-6 所示。

图 5-6　无人机向前飞行的航线

❸在无人机向前飞行的过程中，当用户看到漂亮的美景后，按下遥控器中的"对焦 / 拍照" / "录制视频"按钮，即可拍摄照片或视频画面，如图 5-7 所示。

图 5-7　直线飞行航拍公园湖面

专家提醒

向前飞行是操作无人机的最简单的飞行手法，只需慢慢往上推右侧的摇杆即可，拨动摇杆的幅度不宜过大，一是影响无人机飞行的稳定性，二是急刹车更容易耗费电池的电量。

5.5 后退飞行：让前景更具视觉冲击力

后退飞行与向前飞行的航线刚好相反，后退飞行的一大亮点是让前景不断地出现在观众面前，极具视觉冲击力与新鲜感，让观众不知道接下来会是什么样的场景，如果有多重前景，那么航拍镜头倒飞堪称绝佳的选择。后退飞行的操作方法：❶调整好镜头的角度；❷将右侧的摇杆缓慢地往下推，无人机即可向后倒退飞行，如图 5-8 所示。

图 5-8　后退飞行航拍公园风景

5.6 垂直向下：垂直 90°俯拍公园美景

垂直 90°拍摄是指将相机以垂直 90°的角度拍摄地面，垂直 90°是无人机俯拍的最大角度，所以将"云台俯仰"拨轮按到底即可。使用无人机垂直 90°拍摄的公园视频效果如图 5-9 所示，画面极具线条美感。操作方法：❶将左侧摇杆向上推，将无人机上升到一定高度；❷左手拨动遥控器背面的"云台俯仰"拨轮，实时调节云台的俯仰角度到垂直 90°即可。

图 5-9　垂直 90°俯拍的画面极具线条美感

智能跟随：跟拍森林公园中行驶的汽车

智能跟随模式基于图像的跟随，可以对人、车、船等移动对象有识别功能，用户需要注意的是，使用智能跟随模式时，要与跟随对象保持一定的安全距离，以免造成人身伤害。

在森林公园中，我们可以智能跟随行驶的汽车，操作方法：❶在飞行界面中点击左侧的"智能模式"按钮 ；❷在弹出的界面中点击"智能跟随"按钮；❸进入"智能跟随"拍摄模式，在屏幕中通过点击或框选的方式，设定跟随的汽车对象；❹被锁定的目标显示绿色的锁定框，此时汽车一直往前面开，无人机将在后面跟随拍摄，如图 5-10 所示。

图 5-10　跟拍森林公园中行驶的汽车

5.8 紧急停机：飞行时遇到紧急情况的操作

无人机在空中飞行或者下降的过程中，如果遇到紧急情况，❶可以按下遥控器中的"急停"按钮🔘，如图 5-11 所示；❷按下该按钮后，无人机将立刻悬停在空中不动，飞行界面中将提示用户"已紧急刹车，请将摇杆回中后再打杆飞行"。这里需要特别注意一点，等摇杆回中后再重新打杆，以免飞行方向发生偏差，引起无人机侧翻炸机。

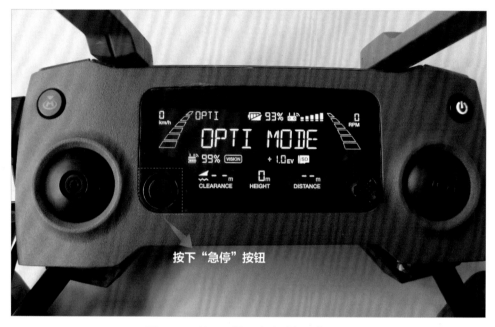

图 5-11　按下遥控器中的"急停"按钮

5.9 斜线构图：拍摄上下缆车或人行栈道

斜线构图是在静止的横线上出现的，斜线构图的不稳定性使画面富有新意，给人以独特的视觉效果，同时斜线的纵向延伸可加强画面深远的透视效果。在公园中，如上下的缆车、人行栈道等，这些画面形成了天然的斜线构图效果，如图 5-12 所示，画面中都有一个主体：缆车或人物，而且主体的红色与环境中的绿色形成了鲜明对比，使主体更加突出。

图 5-12　拍摄上下缆车或人行栈道

专家提醒

航拍初学者很容易犯的一个细节毛病，就是希望镜头能拍下很多的内容，其实有经验的航拍摄影师刚好相反，希望镜头拍摄的对象越少越好，因为对象越少主体会越突出。

5.10 自动返航：更新返航点，智能飞回

自动返航是很多人都喜欢用的飞行模式，这样操作的好处是比较方便，不用手动拨动摇杆返航无人机，而缺点是用户需要先更新返航地点，再使用"自动返航"功能，以免无人机飞到其他地方去。

操作方法：❶点击左侧的"自动返航"按钮 🖐；❷弹出提示信息框，提示用户确认是否返航操作，根据界面提示向右滑动返航，如图 5-13 所示；❸无人机即可自动返航。

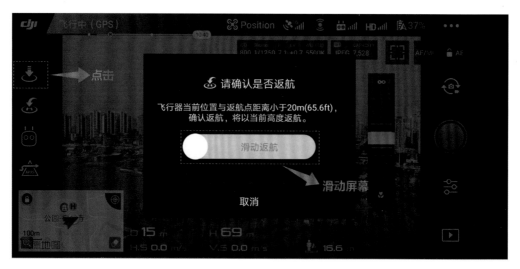

图 5-13　根据界面提示向右滑动返航

第 6 章

航拍风光人像：
带着心爱的人去旅行

　　我每次出去航拍的时候，都会带上我的妻子，她既是一位优秀的后期剪辑师，也是我照片中的模特。我的理想就是带着爱人全球旅行，所以我的作品中有很多拍摄的都是我的妻子，这也是我的绰号"川西狗粮王"的来历。本章主要向大家介绍风光人像的航拍技巧，让大家拍出最美的人像摄影作品，以后出去旅行就不用再麻烦别人帮忙拍照了。

- 注意事项：航拍风光人像需要注意的要点
- 俯视向下航拍：拍摄出人物具体形态
- 拉高旋转后退：适合大场景风光人像
- 多张抓拍：抓拍人物运动的瞬间最自然
- 九宫格构图：让人物成为画面的焦点
- 水平线构图：表现风光人像的对称美
- 三分线构图：使拍摄主体更加突出
- 逆光构图：通过高调画面来拍摄人像
- 人像剪影：拍摄出女性轮廓的美感
- 情侣人像：拍出"只羡鸳鸯不羡仙"的意境

6.1 注意事项：航拍风光人像需要注意的要点

风光人像是经久不衰的摄影话题，在外出旅行的时候，如何才能拍出高质量的人像作品，也是需要我们用心学习的，以前我们都是使用数码相机来拍摄人像照片，现在无人机开始普及，我们就要学着用无人机来拍摄人像照片，在拍摄之前有如下注意事项需要了解。

1. 与人物主体保持一定的安全距离

我们在航拍人像照片的时候，无人机与人物主体之间不能靠得太近，以免无人机的桨叶伤到人，要保持一定的安全距离，如图 6-1 所示。

图 6-1 与人物主体保持一定的安全距离

2. 选择背景时需要注意的事项

航拍人像照片时，背景一定要干净，这样才能更好地表现人物，一定要将人物从背景中抽离出来，不能让人物与背景产生不好的关联，比如照片看上去：人物头顶长了树叶子、长了建筑物、长了电线杆等，或者在肩膀上还有其他对象出现，这样拍摄出来的人像照片都不不好看，所以要特别注意背景的选择。

3. 拍摄角度很重要

根据每个人的长相特点不同，适合拍摄的角度也不同，一般侧脸要比正面好看，我们要观察一下人物哪个面的侧脸更好看，可以多进行拍摄。另外，根据场景以及模特动作的不同，对于仰拍、俯拍、平拍、近景、中景、远景，到底哪个角度更好看？这些我们都要用无人机试拍一下。

4. 无人机适合拍摄大场景的风光人像

外出旅游或者拍摄风光人像照片时，如果环境风光很漂亮，那么可以将无人机飞高一点，然后以 45° 俯拍人物，用背景来交代拍摄环境，也是一种非常不错的拍摄手法，出来的片子很有吸引力，如图 6-2 所示。

图 6-2　无人机航拍的大场景照片

5. 拍摄风光人像时，构图很重要

并不是随便航拍一张风光人像照片出来都很漂亮，要想照片更加出彩，就要掌握一定的构图手法，比如九宫格构图、水平线构图、三分线构图、逆光构图等，将人物放置在画面中的合适位置，才能起到画龙点睛的效果。

俯视向下航拍：拍摄出人物具体形态

俯视向下航拍，是指将镜头垂直向下 90°，向下拨动左侧摇杆，使无人机不断地向下飞行，在飞行中越来越靠近人物主体，使人物的形态更加清晰，如图 6-3 所示。

图 6-3　俯视向下航拍人物

根据上述视频画面，详细解说航拍的基本步骤：

STEP 01　左侧摇杆往上推，将无人机上升到一定高度。

STEP 02　拨动遥控器背面的"云台俯仰"拨轮，实时调节云台的俯仰角度到垂直 90°。

STEP 03　向下拨动左侧摇杆，使无人机不断地向下飞行，切记不能太靠近人物，不安全。

图 6-3 所示的照片，也能称为对称式斜线构图，两边的花丛呈斜线形状，并且是多条重复的斜线，呈对称形态。我们在航拍风光照片的时候，可以多观察这种场景，拍出来的片子会非常不错。在航拍这类俯视向下飞行的风光人像照片时，需要摄影师拥有高超的航拍技术，能很好地掌控无人机的飞行，否则一不小心无人机掉下来，会直接砸到人物身上，引发不必要的危险。

6.3 ▶ 拉高旋转后退：适合大场景风光人像

拉高 + 旋转上升 + 后退的飞行手法是指镜头以俯拍的方式拍摄地面，但无人机通过不断地拉高、旋转上升和后退，显示出更多的地面场景，这种拍摄手法使用得比较多，用处也非常大，可以用来拍摄大范围的风光人像场景效果。

如图 6-4 所示的风光人像照片，女子穿一袭红裙躺在湖面的树枝上，画面中强烈的颜色对比使人物主体更加明显、突出，有一种画龙点睛的感觉，汇聚了观众的视线，无人机首先拉升到一定高度，垂直 90°俯拍人物，然后不断地拉高、旋转、后退，以显示出更多的湖面场景，风光效果非常美。

根据此段视频画面，详细解说航拍的基本步骤：

STEP 01 ▶ 将无人机上升到一定高度，拨动遥控器背面的"云台俯仰"拨轮，实时调节云台的俯仰角度到垂直 90°。

STEP 02 ▶ 左手向上拨动左侧摇杆，使无人机不断地拉高飞行，同时右手向下拨动右侧摇杆，使无人机不断地后退飞行。

STEP 03 ▶ 同时拨动遥控器背面的"云台俯仰"拨轮，实时调节云台的俯仰角度到垂直 90°。

STEP 04 ▶ 左手向左或向右拨动左侧摇杆，使无人机左转或右转镜头，调节画面角度。

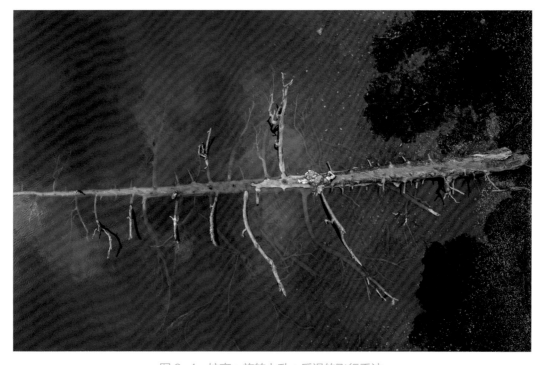

图 6-4 拉高 + 旋转上升 + 后退的飞行手法

图 6-4　拉高＋旋转上升＋后退的飞行手法（续）

6.4 ▶ 多张抓拍：抓拍人物运动的瞬间最自然

在最开始拍摄的时候，新手难免经验不够充足，建议大家可以试着用无人机抓拍人物运动的瞬间，让人物自主运动，这样他们的表现才会更加自然，如图 6-5 所示。

图 6-5　抓拍人物运动的瞬间最自然

使用无人机抓拍时，可以使用无人机的"连拍"功能，如图 6-6 所示，这样可以自动连拍多张照片，然后从这些抓拍的照片中挑一张最好看的片子出来。

图 6-6　使用无人机的"连拍"功能

6.5 九宫格构图：让人物成为画面的焦点

九宫格构图又叫井字形构图，是黄金分割构图的简化版，也是常见的构图手法之一。九宫格构图是指用横竖的各条直线将画面等分为 9 个空间，等分完成后，画面会形成一个九宫格线条，九宫格的画面中会形成 4 个交叉点，我们将这些交叉点称为趣味中心点，可以将人物放在这些趣味中心点上，如图 6-7 所示，将人物放在右上方的中心点上，让人物成为画面的焦点，吸引观众的视线，有一种"沙漠一点红"的感觉。

图 6-7　九宫格构图

6.6 ▶ 水平线构图：表现风光人像的对称美

　　水平线构图给人的感觉就是辽阔、平静，水平线构图是以一条水平线来进行构图的，这种构图需要寻找一个好的拍摄地点进行拍摄，在拍摄风光人像照片时，一般天上、天下各占画面 50%，这是一种非常普遍的拍摄手法。

　　如图 6-8 所示，以海面分界线为水平线，远处的山脉与天空中的晚霞占了画面的上半部分，海面与人物占了画面的下半部分，整个画面看上去非常稳定、和谐，形成了一种对称美，这就是最常见的水平线构图法。

图 6-8　水平线构图

6.7 ▶ 三分线构图：使拍摄主体更加突出

　　三分线构图，顾名思义，就是将画面从横向或纵向分为 3 部分，在拍摄时，将人物对象或焦点放在三分线的某一位置进行构图取景，让人物更加突出，让画面更加美观。

　　如图 6-9 所示，将人物放在右侧三分线的位置，左侧三分之二显示大海风光，夕阳染红了天边的整片云彩，透出一缕橘红色的亮光，整个画面给人非常舒服的感觉，海风吹在身上也透着清凉。

　　三分线构图是一种非常经典的构图方法，是大师级摄影师偏爱的一种构图方式，常用的三分线构图法有两种：一种是横向三分线构图；另一种是纵向三分线构图。有两个关键点：一个是以突出构图的主体为主，即将三分线的位置放在主体对象上；另一个是以衬托构图的主体为主，即将三分线的位置放在辅体对象上，来衬托其他三分之二的主体。

图 6-9　三分线构图

6.8 逆光构图：通过高调画面来拍摄人像

光影构图是比较深入和高级的构图，逆光是一种被摄主体刚好处于光源和相机之间的情况，太阳处于相机的正前方，这种情况容易使被摄主体出现曝光不足的情况，不过逆光可以出现眩光的特殊效果。如图 6-10 所示为逆光中航拍的人像摄影作品。

图 6-10　逆光中航拍的人像摄影作品

图 6-10 所示的逆光中航拍的人像照片，同时也使用了左三分线的构图法，将女孩放在画面左侧三分线的构图位置，很好地凸显了女孩在夕阳下的形态美感，天边的夕阳渲染了整个画面的色调，冷暖色对比非常强烈、明显，也增强了画面的视觉冲击力。使用无人机拍摄时，首先对准天空亮部进行测光，然后锁定曝光，进行拍摄。

6.9 人像剪影：拍摄出女性轮廓的美感

风光人像中，剪影也是非常具有吸引力的。我们常常会看到美丽、轮廓感很强的剪影图片，这种图片的剪影效果只有在逆光时才能拍出来，达到特殊的创意与表现。如图 6-11 所示为航拍的笔者妻子的剪影效果，以水面环境为衬托，很好地突出了女性的形态美感。

图 6-11　航拍的笔者妻子的剪影效果

下面再展示一张近景、竖幅的逆光人像剪影，女孩的五官极具线条美感，如图 6-12 所示。

日出与日落是非常美的一种自然风景，我们在航拍人像照片的时候，也可以以日出、日落来衬托周围的环境，通过上述笔者拍摄的人像照片来看，很多都是借助日出、日落风光美景来拍摄的，大家也可以多利用这种拍摄技巧，以提高出片成功率。

图 6-12 近景、竖幅的逆光人像剪影

6.10 情侣人像：拍出"只羡鸳鸯不羡仙"的意境

航拍情侣款的风光人像照片时，可以拍摄大场景的照片，在海边借助夕阳的美景来拍摄，很容易出大片，如图 6-13 所示，笔者在航拍这段与妻子的视频画面时，首先将无人机上升到一定高度，对着夕阳的方向，进行逆光拍摄，拍出天边火烧云的震撼效果。画面中的小情侣给人一种"只羡鸳鸯不羡仙"的感觉。

图 6-13 拍摄情侣款的风光人像

| 第 7 章 |

航拍延绵山脉：
体验宏伟的极致风光

　　之前笔者说过，自己是四川人，四川有很多的山脉，这里占了地理优势，四川的高原风光很漂亮，天空纯净，没有雾霾，是航拍的绝佳地点，出片率也很高。因此，笔者专门用了一章内容来讲解高原山脉的航拍技巧，希望大家熟练掌握本章内容，提升飞行技术与航拍水平。

- 注意事项：航拍山脉需要注意的要点
- 取景方式：拍出山脉的立体层次感
- 俯视旋转下降：拍摄山脉上行驶的汽车
- 向前飞行：一直向前拍摄山脉中的彩虹
- 环绕飞行：俯拍峨眉金顶的极致风光
- 抬头飞行：拍摄延绵山脉中的云海风光
- 后退飞行：采用后退手法拍摄山脉风光
- 自由延时：拍摄山脉中的日出日落景色
- 曲线构图：拍摄山脉中弯曲的公路

7.1 注意事项：航拍山脉需要注意的要点

山脉，按照字面意思是指沿一定方向延伸，由多条山岭和山谷组成的山体，而且这种山体看上去像连续不断的整体，所以称之为山脉。我们在航拍延绵山脉的时候，也有一些需要注意的事项，下面我们来看一看注意事项，以及时规避相关风险。

1. 最重要的一点：注意人身安全

我们在延绵山脉上航拍照片的时候，一定要注意安全，首先就是人身安全，每走一步都要小心，飞行无人机的时候尽量不要随意走动，走动的时候一定要看路，千万不能眼睛看着手机屏幕，而脚在走路，这样是非常不安全的。如果一不小心脚踏空了，人就摔倒了；如果摔下了悬崖，就会命悬一线。

2. 多准备些衣物，做好防寒保暖措施

山顶一般比较冷，一定要预先查看天气情况并多备一件厚衣服或者羽绒服，尽量穿厚一点的鞋子，做好防寒保暖措施，毕竟身体最重要。

3. 天气变化较快，及时观察天气

在高原雪域中的山脉上航拍照片时，一定要及时观察天气情况，一会儿晴，一会儿风，一会儿雨，一会儿雪，是很正常的事情，有的地方一天经历四季的不同。山脉风光很美，空气很清新，因为它远离城市、远离污染，但同时天气变化也很快，所以飞手要特别注意。

4. 下雪天气恶劣，电池放电比较快

在我们去高原山脉顶峰的路上，路途中可能是晴天。当我们到达山顶的时候，可能就是大雪天气了，而且山顶的温度一般比较低，飞行无人机的时候，电池放电就会比较快，平常一块电池能飞 30 分钟，如果在寒冷的环境下可能就只能飞 15 ~ 20 分钟，所以我们要多备几块电池，以防意外发生。

适宜电池工作的环境温度在 −10℃ ~ 40℃ 之间，如果在冬天极低温度（低于 −10℃）情况下飞行无人机，则一定要将电池进行充分预热。常规方法是贴身放置，利用身体温度进行预热，如果有车子则可以将电池放在通风口预热，如果有条件则可以购买 USB 电加热器进行预热。

5. 气流较大，影响无人机飞行的稳定性

在飞行无人机的时候，如果贴着陡崖或者山谷飞行，则可能会出现 GPS 信号不稳定的

现象，就会使无人机进入姿态模式，所以要随时观察无人机的状态，一旦出现 GPS 信号弱的提示时，就尽量先返航，再通过其他方式拍摄你想要的画面效果。

6. 拍摄器材要充分准备

有些山脉不适合开车，飞手只能徒步登山，这就需要一定的体力和时间爬上去，如果飞手爬到山顶后，发现某些器材和设备没有带，比如内存卡、电池等，就会非常麻烦。所以上山之前，一定要检查必备的摄影器材是否已准备充分，比如内存卡的容量够不够，要不要多带几张，电池是否充满了电，充电宝有没有带上，等等。准备充分，才不会浪费宝贵的时间。

7. 起飞时要注意地面平整

在起飞无人机的时候，要注意地面一定要平整、干净，山脉上很多地形都是弯弯曲曲、凹凸不平的，无人机不能在凹凸不平的地面起飞，否则会影响双桨的稳定性，导致无人机向一旁侧翻。所以，我们要为无人机提供一个平整的起飞环境，以保障起飞的安全。

7.2 取景方式：拍出山脉的立体层次感

构图取景的范围就是摄影中的景别，是指不同的取景方式。由于被摄主体和摄影者所在拍摄位置的远近的差异，在照片中所体现出的主体不同，或近或远，或大或小，不同的构图取景范围可以让照片主题更加明确。

一张具有吸引力的山脉照片中，同时包含近景、中景、远景，以及结合多种取景方式，就能体现出山脉的立体层次感，如图 7-1 所示。

图 7-1　拍出山脉的立体层次感

图 7-1 所示的山脉的照片，很有立体层次感，笔者所在的位置是第一层近景，近距离拍摄山脉的细节；第二层是中景，山脉的细节显示没有那么明显，视觉看上去也显示在笔者身后的一段距离；第三层是远景，看不清山脉的细节，只能看到大体形状，这样的照片就极具画面立体层次感和空间感。

7.3 俯视旋转下降：拍摄山脉上行驶的汽车

山脉上行驶的汽车极具动感因素，当我们看到这些汽车时，就会有一种画面在动的感觉，如果山脉弯曲的线条很多，那么此时可以采用俯视 + 旋转 + 下降的拍摄手法，拍摄出不同路段汽车的行驶状态，这样可以很好地拍摄出汽车的动感与细节，如图 7-2 所示。

图 7-2 拍摄山脉上行驶的汽车

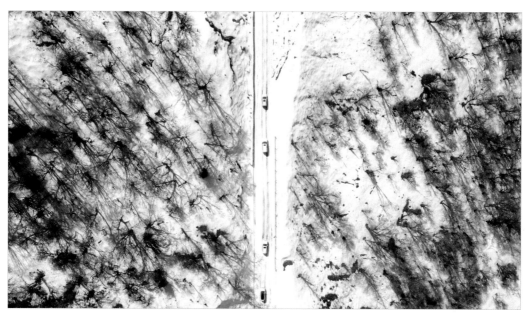

图 7-2　拍摄山脉上行驶的汽车（续）

俯视 + 旋转 + 下降的拍摄手法很简单，拨动遥控器背面的"云台俯仰"拨轮，将镜头垂直向下 90°；❷左手向左或向右拨动摇杆，控制无人机左转或右转；❸右手向下拨动摇杆，控制无人机的下降；❹右手也可以向左或向右拨动摇杆，将无人机的位置向左或向右微调。

7.4 向前飞行：一直向前拍摄山脉中的彩虹

如果山脉的前方有美景，就可以采用向前飞行的航线，一直向前飞行，边飞行边拍摄山脉的视频画面，让新的风景一直出现在观众的眼前，如图 7-3 所示，笔者采用一直向前的航线拍摄山脉中的彩虹风光。

图 7-3　一直向前拍摄山脉中的彩虹

图 7-3　一直向前拍摄山脉中的彩虹（续）

一直向前飞行的操作方法很简单，❶将右侧的摇杆缓慢地往上推，无人机即可一直向前飞行；❷在飞行的过程中按下"视频录制"键，即可录制视频画面。

7.5 环绕飞行：俯拍峨眉金顶的极致风光

在山脉的顶峰，可能会有一些宏伟的建筑或者雕像之类的，此时我们可以采用环绕飞行的方式，环绕目标点进行 360° 拍摄，将目标对象的细节全部航拍出来，全方位展现目标对象的美感。2017 年 2 月，笔者去了一趟峨眉之巅，登了金顶，当天早上下了一场很大的雪，笔者拿出大疆 Mavic，环绕金顶佛像进行了 360° 拍摄，各个角度的风景都显示出来了，如图 7-4 所示。

关于环绕飞行的具体操作方法，在第 4 章中已经详细介绍。在环绕飞行的过程中，我们也要时刻注意无人机的飞行状态，确保无人机在我们的视线中飞行，降低飞行的风险。

图 7-4　环绕飞行拍摄峨眉金顶

图 7-4　环绕飞行拍摄峨眉金顶（续）

专家提醒

这一段峨眉金顶的环绕拍摄，拍出了金顶周围的山脉风光，下雪之后的金顶一片圣洁，但天气十分寒冷，笔者起飞无人机拍摄的时候，气温是零下 6℃，大疆的御系列抗寒能力也是超级棒的，感谢妻子一直在身旁陪伴。

7.6 抬头飞行：拍摄延绵山脉中的云海风光

在飞行无人机进行拍摄的过程中，低头，可以俯视大地最美的风景；抬头，能看见更广阔的天空。所以，我们在拍摄的时候，可以从俯视的角度慢慢抬头，拍出延绵山脉中的云海风光，其效果一定会震惊你的视野，让你体验到山脉顶峰的极致风光。

如图 7-5 所示为笔者在航拍山脉的时候，从俯视到抬头的一段视频画面，操作手法如下。

❶右手向上拨动摇杆，控制无人机向前飞行；❷左手拨动遥控器背面的"云台俯仰"拨轮，实时调节云台的俯仰角度；❸将相机镜头往上抬，即可观看到更远的山脉风光。

图 7-5　抬头飞行，拍摄延绵山脉中的云海风光

　　清晨，山谷中的云雾非常明显，下面再展示一段抬头向前飞行的视频画面，如图 7-6 所示，云海浓厚，让人感觉置身于仙境一样。

图 7-6　清晨的山脉云海风光

专家提醒

如果读者想深入学习航拍构图技法，想学习如何拍出震撼的风光照片，这里介绍一个很有含金量的公众号：手机摄影构图大全，免费赠送 1000 多种构图技法。

 后退飞行：采用后退手法拍摄山脉风光

后退飞行是指前景不断地展示在眼前，这种手法也可以用来拍摄山脉，如图 7-7 所示。

图 7-7　采用后退手法拍摄山脉风光

　　在山谷中，给无人机一个广阔的飞行环境，能拍出不一样的风光大片。拍摄时需要注意后方是否有障碍物，以保证飞行的安全。后退的操作方法：❶调整好镜头的角度；❷将右侧的摇杆缓慢地往下推，无人机即可向后倒退飞行。

 自由延时：拍摄山脉中的日出日落景色

　　延时摄影的特点是可以浓缩时间，航拍延时可以把航拍的 20 分钟时间在 10 秒内甚至 5 秒内播放完毕，展现时间的飞逝，在短时间内展示出风景变化的速度。如图 7-8 所示为笔者在山脉顶峰航拍的延时摄影，展现了日出照射金山的光芒。

图 7-8　在山脉顶峰航拍的延时摄影

　　航拍延时的方法很简单，以大疆的御 2 为例，御 2 自产品发布后，内置的延时功能就一直深受广大飞友喜爱，内置的延时拍摄自带合成功能，如果你刚开始学习航拍延时，那么笔者建议先从御 2 内置的延时功能开始学习，后续再根据拍摄需求增加自定义拍摄方法。

　　操作方法：❶在 DJI GO 4 App 飞行界面中，点击左侧的"智能模式"按钮 ；❷在弹出的界面中点击"延时摄影"按钮；❸进入"延时摄影"拍摄模式，下方提供了 4 种延时拍摄方式，即自由延时、环绕延时、定向延时和轨迹延时；❹选择"自由延时"进行拍摄。

　　初步操作延时功能时，可以小幅度拨动摇杆，尽量保持无人机的稳定性，主要通过间隔拍摄来达到延时的效果，拍摄完成后无人机会自动合成为一段完整的视频。如图 7-9 所示为笔者在四姑娘山上航拍的延时摄影作品，记录了日出时风起云涌的画面，日出时太阳光照在云朵上，映红了半边天，当太阳升起时，云彩又恢复了原样。

图 7-9　笔者在四姑娘山上航拍的延时摄影作品

7.9 曲线构图：拍摄山脉中弯曲的公路

曲线构图是指摄影师抓住拍摄对象的特殊形态特点，在拍摄时采用特殊的拍摄角度和手法，将物体以类似曲线般的造型呈现在画面中，曲线构图的表现手法常用于拍摄风光、公路以及江河湖泊的题材。

山脉的风光很美、很令人震撼，山脉中弯曲延绵的公路也是一道不错的风景，极具线条的美感，像女性身体曲线一样柔美。我们可以将无人机的镜头垂直 90°，俯拍弯曲的公路，体现画面的延长感、悠远感，如图 7-10 所示。

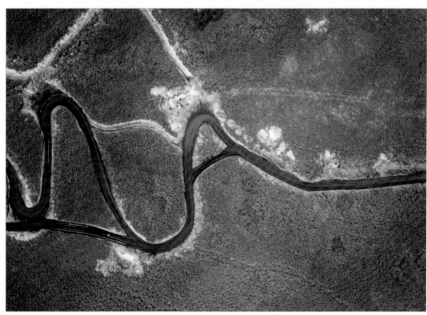

图 7-10　镜头垂直 90°俯拍弯曲的公路

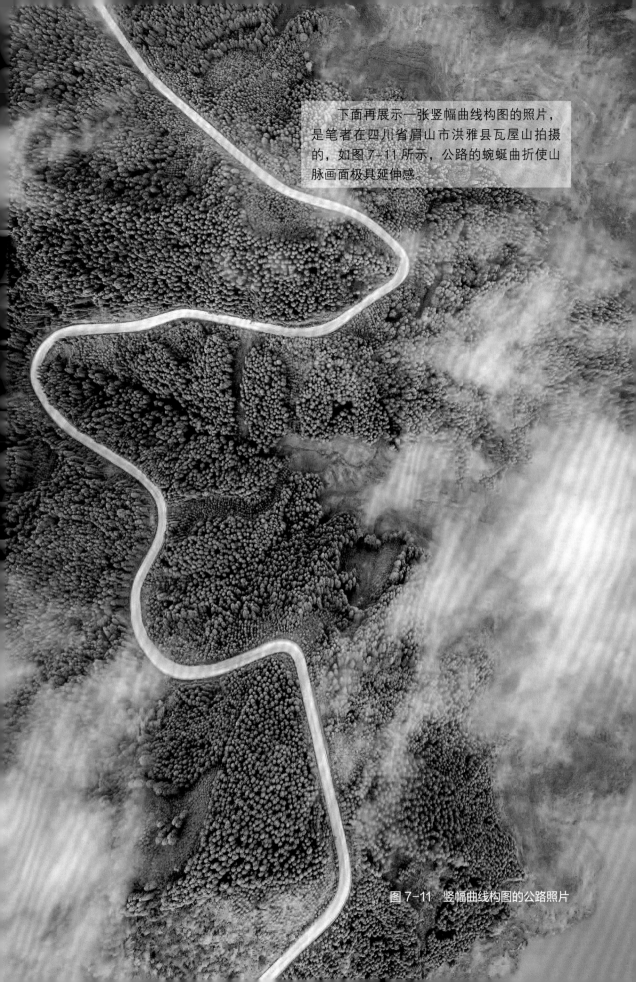

下面再展示一张竖幅曲线构图的照片，是笔者在四川省眉山市洪雅县瓦屋山拍摄的，如图 7-11 所示，公路的蜿蜒曲折使山脉画面极具延伸感。

图 7-11　竖幅曲线构图的公路照片

| 第 8 章 |

航拍湖面和海面：
感受面朝大海春暖花开

航拍湖泊和海面的时候，大多采用俯拍的手法，也可以适当地借助自然光线来拍摄，突出画面的冷调效果，使画面呈现出安静、宁静的效果。如果借助夕阳的余晖，那么也可以拍摄出冷暖色对比强烈的海面风光照片。本章主要介绍航拍湖面、海面的风光大片，感受大海的美景。

- 注意事项：航拍湖面和海面需要注意的要点
- 俯视镜头：航拍湖面上的船只与海鸥
- 俯视悬停：航拍海边浪花翻滚的画面
- 俯视拉伸：航拍伍须海的海岸风景
- 定向延时：航拍海面日落火烧云效果
- 对称构图：借助高原湖泊拍摄天空之镜
- 水平线构图：将天空与海面一分为二
- 三分线构图：拍出一片纯净的大海
- C 形构图：航拍极具曲线感的海岸线
- 多点构图：航拍海面上的多条船只

8.1 注意事项：航拍湖面和海面需要注意的要点

湖泊和海面是非常美的摄影题材，使用无人机航拍湖泊、海面时，可以发现有的湖泊、海面清澈见底，非常干净，给人一片纯净的感觉。下面介绍航拍湖面、海面时需要注意的事项。

1. 无人机不能离水面太近

在之前的章节中也提到过，无人机在水面上飞行的时候，不能离水面太近，万一无人机飞到水里面或者掉到水里面去，就得不偿失，这一点比较重要，所以在这里又提了一下。

2. 注意低空飞行的飞鸟，如海鸥

无人机在海面或海边飞行时，可能会遇到海鸥，海鸥属于低空飞行动物，它们只敢围着无人机打转，不敢靠近无人机，因为无人机的桨叶比较锋利，所以此时飞手也不要太慌张，慢慢将无人机飞高一点，或者赶紧驶离有海鸥的区域即可。

3. 一键返航时，一定要更新返航点

如果飞手是在行驶的船上起飞无人机的，那么经过一段时间的拍摄之后，起飞的位置早已不是现在该返航的位置了，因为船只一直在行驶。所以当飞手需要返航无人机的时候，在使用"自动返航"功能前，一定要刷新返航点，否则无人机飞到其他地方就找不到了。

8.2 俯视镜头：航拍湖面上的船只与海鸥

海面上的船只与湖面上的船只是有区别的，湖面上的船只一般是比较简单的那种小木船，行驶速度缓慢，基本依靠双桨来划动，使船只前行。

如图 8-1 所示为笔者在湖面上采用俯视的角度航拍的船只画面，海鸥在湖面上飞行，在航拍的过程中笔者对镜头进行了旋转摇杆，多角度航拍船只，表现出不同角度的画面。

图 8-1 航拍湖面上的船只与海鸥

上述这段俯视镜头的航拍方法：❶拨动遥控器背面的"云台俯仰"拨轮，将镜头垂直向下俯视；❷左手向左或向右拨动摇杆，控制无人机左转或右转，进行俯视旋转飞行。

⑧.③ 俯视悬停：航拍海边浪花翻滚的画面

俯视悬停是指将无人机停在固定位置，操作方法：拨动"云台俯仰"拨轮，云台相机朝下 90°，一般用来拍摄运动的目标对象。海边翻滚的浪花非常漂亮，我们可以将无人机上升至一定高度，往下俯拍浪花翻滚的画面，如图 8-2 所示。

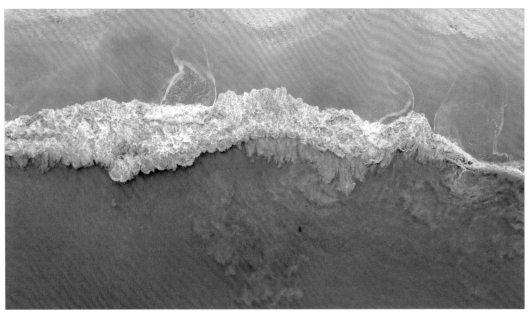

图 8-2　航拍海边浪花翻滚的画面

8.4 俯视拉伸：航拍伍须海的海岸风景

如果想要拍摄海岸美丽的风光，那么可以采用俯视拉伸的手法进行拍摄。操作方法：❶ 拨动"云台俯仰"拨轮，在一个比较低的空中垂直 90° 俯拍；❷左手摇杆向上推，逐渐拉升。拉升时无人机垂直向上拔起，逐步扩大视野，画面中不断显示周围的环境，如图 8-3 所示。

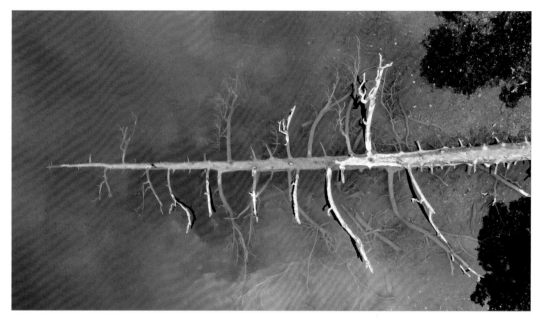

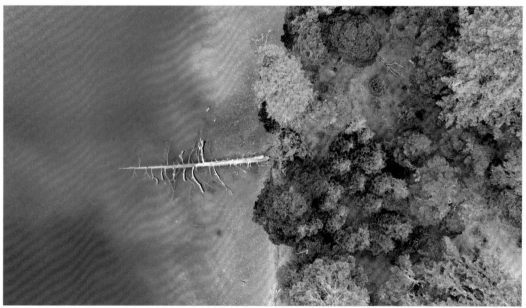

图 8-3　航拍伍须海的海岸风景

8.5 定向延时：航拍海面日落火烧云效果

定向延时是指无论无人机的机头朝向如何，飞行器都将按设置好的方向进行拍摄，并合成延时视频。默认情况下，无人机是向前飞行的。用户也可以框选兴趣点，在定向直线飞行途中，无人机机头始终对准拍摄目标。

如图 8-4 所示，飞行界面中框选的目标是远处的岛屿山林，使用无人机的定向延时功能，可以拍摄出海面日落的火烧云延时效果。

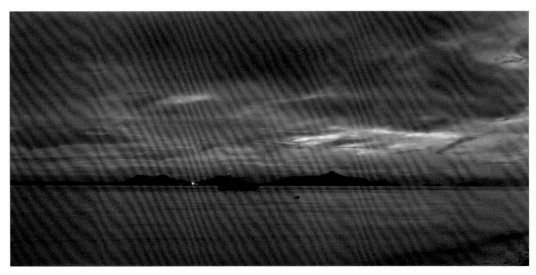

图 8-4　航拍海面日落火烧云效果

定向延时的操作方法：❶在 DJI GO 4 App 飞行界面中，点击左侧的"智能模式"按钮📷；❷在弹出的界面中点击"延时摄影"按钮；❸进入"延时摄影"拍摄模式，选择"定向延时"模式；❹进入拍摄界面，框选远处的目标对象；❺点击 GO 按钮，即可开始拍摄。

8.6 ▶ 对称构图：借助高原湖泊拍摄天空之镜

对称构图的含义很简单，就是整个画面形成一种对称的美感，不仅具有形式上的美感，还具有稳定平衡的特点。我们在航拍湖面、海面的时候，最常见的就是上下对称式构图，通过倒影形成非常美的天空之镜，如图 8-5 所示。

图 8-5 所示的两张风光照片，是笔者在冷嘎措航拍的，在贡嘎山西南坡玉龙西村里，有一处高山湖泊叫冷嘎措，是拍摄贡嘎山倒影最佳的位置，犹如天空之镜。

图 8-5　借助高原湖泊拍摄天空之镜

8.7 水平线构图：将天空与海面一分为二

在海面上飞行无人机的时候，用得最多的构图方式就是水平线构图，它能很好地体现画面的平衡感。这种构图方式的特点是，海面占画面下半部分，天空占画面上半部分，海岸水平线将天空与海面一分为二，如图 8-6 所示。

图 8-6　水平线构图将天空与海面一分为二

　　如果海面上有行驶的船只，那么我们可以拍摄近景，以船只为前景进行水平线构图，同样以海面分界线为水平线，如图 8-7 所示，船只在画面中为前景，可以引导观众的视线，汇聚焦点，使画面中的主体更加突出。

图 8-7　以船只为前景进行水平线构图

8.8 三分线构图：拍出一片纯净的大海

图 8-8 所示的视频画面是笔者在新西兰使用大疆悟 2 无人机航拍的，画面以三分线构图方式进行布局规划，天空占画面的三分之一，天空中云海涌动；湖面占画面的三分之二。然后以后退 + 拉升的手法进行拍摄，如图 8-8 所示，当前景不断出现在眼前的时候，三分线的构图画面始终保持不变。

图 8-8　三分线构图手法

8.9 C 形构图：航拍极具曲线感的海岸线

C 形构图是一种曲线型构图手法，拍摄对象类似字母 C，体现一种女性的柔美感、流畅感、流动感，常用来航拍弯曲的马路、岛屿以及沿海风光等大片，如图 8-9 所示，沿海的海岸形状类似字母 C，包裹着大海，使画面给人一种非常柔美的感觉。

图 8-9　航拍极具曲线感的海岸线

8.10 多点构图：航拍海面上的多条船只

点，是所有画面的基础。在摄影中，它可以是画面中真实的一个点，也可以是一个面，只要是画面中很小的对象就可以称之为点。如图 8-10 所示为笔者在海面上俯拍的船只，多条船只在海面上形成了一个又一个的点，引导着观众的视线，形成多点构图手法。

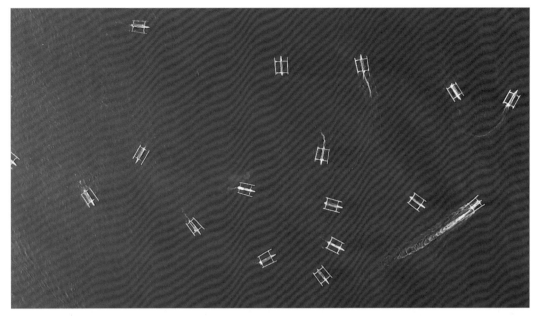

图 8-10　航拍海面上的多条船只

| 第 9 章 |

航拍岛屿风光：
休假度蜜月的绝佳之地

海岛是我们极其向往的旅游目的地，海岛的四周都是海，风景特别美，在国外有很多的海岛旅游景点，如马尔代夫、巴厘岛、巴里卡萨岛、济州岛等，都很适合航拍，本章主要介绍航拍岛屿风光的各种技巧，帮助读者轻轻松松航拍出非常美的岛屿风光大片。

9.1 注意事项：航拍岛屿风光需要注意的要点

岛屿是很多人向往的地方，也是休闲、度蜜月的绝佳之地，因为岛屿的风光特别美，在岛屿的海边走一走，吹吹海风，晒晒太阳，拍拍照片，非常惬意。在岛上飞行无人机，用无人机出片也是非常漂亮的，那种大场景的海岛照片，特别迷人。

如图 9-1 所示为笔者在涠洲岛海边飞行无人机时的画面。

图 9-1　笔者在涠洲岛海边飞行无人机时的画面

使用无人机进行航拍之前，我们先来看看航拍岛屿风光有哪些需要注意的事项。

1. 岛上风大，注意无人机的稳定性

有些岛屿四面环海，岛上的风肯定很大，天气恶劣的时候风力更大，而且早上、中午、晚上的风力也有大有小，我们在岛边飞行无人机的时候，一定要实时注意风速，如果达到 5 级风以上，就不要飞行无人机了，免得无人机被吹走了飞不回来。

2. 有些岛屿是私人岛屿，不能随意上岛

当我们坐在游船上欣赏岛屿四周风景时，如果发现了一些其他的小岛，那么最好不要登岸，因为有些岛屿是私人岛屿，不能登岸，而且在一些人烟稀少的地方，登上一个陌生的岛屿也十分不安全，所以对于不熟悉的岛屿尽量不要上去。如果你觉得某个岛的风景很漂亮，那么可以从游船上起飞，将无人机上升至一定的高度，俯拍岛屿风光，拍完了赶紧收机。

3. 多拍摄一些岛屿的全景

有些岛屿的全景非常美，我们可以将无人机上升到一定高度，来俯拍岛屿全景风光。如图 9-2 所示为笔者航拍的涠洲岛全景照片。

图 9-2　笔者航拍的涠洲岛全景照片

 俯视横移：航拍美丽岛屿的海岸线风光

海岸线是海洋与陆地的分界线，更确切的定义是海水到达陆地的极限位置的连线。岛屿旁边海岸线的风景也是非常不错的，我们可以采用俯视横移的飞行手法，拍摄海岸线的风光。

如图 9-3 所示的这段海岸线风景是采用水平线构图手法拍摄的，将海水与陆地一分为二，各占画面二分之一。操作方法：❶左手摇杆向上推，将无人机上升至一定高度；❷拨动"云台俯仰"拨轮，调整镜头垂直向下 90°；❸右手向右拨动摇杆，控制无人机向右横移飞行，拍摄出美丽的岛屿海岸线风光。

图 9-3　航拍美丽岛屿的海岸线风光（摄影师：赵高翔）

　　在航拍这种海岸线风光片时，我们不仅可以采用垂直 90° 的俯视角度来拍摄，还可以以 45° 的斜角来拍摄，这也是非常不错的选择，如图 9-4 所示。

图 9-4　以 45° 的斜角来拍摄海岸线风光

9.3 向前转身：航拍岛屿中的建筑风光场景

很多岛屿上的建筑也是一道美丽的风景，我们可以通过不同的飞行手法来航拍岛上的建筑。如图 9-5 所示为航拍的花鸟岛，操作方法：❶右手摇杆向上推，表示向前飞行无人机，慢慢地靠近建筑群；❷左手向左或向右拨动摇杆，将无人机转身 90° 或 180°，并进行微调，使无人机正对着建筑物，拍摄出不同角度下的建筑群美景。

图 9-5　向前飞行并转身 90° 拍摄的画面（摄影师：赵高翔）

图 9-5　向前飞行并转身 90°拍摄的画面（摄影师：赵高翔）（续）

9.4 飞越飞行：由远及近飞向岛屿并飞越

飞越是一种高级的航拍技巧，无人机朝目标主体飞去，以目标主体为中心，不停地降低相机的角度，最后变为俯视飞过目标。如图 9-6 所示为在巴里卡萨岛航拍的画面。

图 9-6　在巴里卡萨岛采用飞越航拍的画面（摄影师：赵高翔）

图 9-6　在巴里卡萨岛采用飞越航拍的画面（摄影师：赵高翔）（续）

通过上述展示的两幅航拍画面，我们可以看出，无人机首先朝着巴里卡萨岛飞过去，然后镜头不断往下俯视，最终俯视飞行通过岛屿，画面由远及近地显示岛上的无限风光。

操作方法：❶将右侧的摇杆缓慢地往上推，无人机一直向前飞行；❷拨动遥控器背面的"云台俯仰"拨轮，将镜头逐渐向下俯视，最终以垂直 90° 的角度俯视飞越岛屿。

 向前拉低：一直向前航拍岛屿并下降

向前拉低是指无人机一直向前飞行，在飞行中不断下降无人机，以靠近目标主体，并调整镜头的俯视角度，从 30° 到 45°，再到 60° 的俯视程度，如图 9-7 所示。

图 9-7　一直向前航拍岛屿并下降（摄影师：赵高翔）

图 9-7　一直向前航拍岛屿并下降（摄影师：赵高翔）（续）

上述这段视频画面的航拍手法很简单，与飞越飞行的手法差不多，❶右手向上拨动摇杆，控制无人机向前飞行；❷左手拨动俯仰拨轮，调整俯视的角度；❸左手向下拨动摇杆，即可控制无人机的下降。到达指定岛屿位置后，如果不想再让无人机飞行，则可以收机。

影像模式：航拍海岛边情侣幸福的画面

图 9-8 所示的视频画面，是我跟爱人在海岛边的场景，那天海边的风很大，所以使用"影像模式"来航拍。使用"影像模式"时，无人机以缓慢的方式飞行，延长了无人机的刹车距离，也限制了飞行的速度，使拍摄出来的画面稳定、流畅、不抖动。

图 9-8　航拍海岛边幸福情侣的画面

图 9-8　航拍海岛边幸福情侣的画面（续）

　　使用"影像模式"的方法很简单，❶点击左侧的"智能模式"按钮🔘；❷在弹出的界面中点击"影像模式"按钮；❸弹出提示信息框，提示用户关于影像模式的飞行简介；❹点击"确认"按钮，如图 9-9 所示，即可进入影像模式。

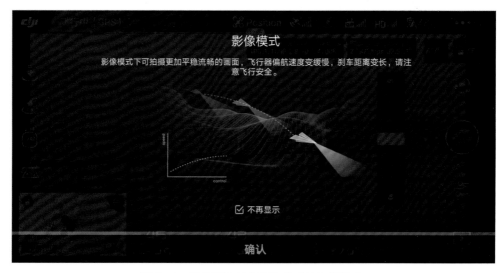

图 9-9　提示用户关于影像模式的飞行简介

轨迹延时：航拍海岛的休闲时光景色

　　轨迹延时是指在地图路线中，预先设置多个航点，使无人机能按照指定的航点飞行。首先使用无人机预飞一遍，当无人机飞到指定位置后，添加航点，记录无人机的飞行参数，如高度、角度、朝向等，当所有航点记录完成后，就可以使用"轨迹延时"功能进行航拍了。

　　用户设置好无人机的飞行轨迹和飞行参数后，可以将轨迹延时路线进行保存操作，方便下次再使用同样的路线飞行。有了轨迹任务，用户可以多次飞行相同的路线，航拍出不同时段的海岛风光与日出、日落景色，如图 9–10 所示。

图 9-10　航拍出不同时段的海岛风光与日出、日落景色

　　使用"轨迹延时"功能的方法：❶在 DJI GO 4 App 飞行界面中，点击左侧的"智能模式"按钮🔘；❷在弹出的界面中点击"延时摄影"按钮；❸进入"延时摄影"拍摄模式；❹点击"轨迹延时"图标；❺进入"轨迹延时"拍摄界面；❻预先飞行无人机一遍，进行航点设置；❼航点设置完成后，按正序或倒序方式执行轨迹航拍延时。

9.8 ▶ 主体构图：将岛屿全景放在中心位置

　　主体就是照片拍摄的对象，我们在航拍岛屿时，整个岛就是画面的主体，主题也应围绕主体转。主体是反映内容与主题的主要载体，也是画面构图的重心或中心。如图 9–11 所示为笔者航拍的斜阳岛照片，岛上气候宜人，充满海洋风光。这张照片采用主体构图，将岛屿放在画面正中间的位置，让人一眼就能看出航拍主体，主题也明确。

图 9-11　航拍的斜阳岛

　　马尔代夫是一座非常漂亮的岛屿，是许多人梦寐以求的地方，也是极具奢华的六星级岛屿之一。笔者去了一趟马尔代夫，航拍下了马尔代夫的港丽岛，如图 9-12 所示，也是采用主体构图，将无人机飞得很高，将港丽岛放在画面的中心位置，使人一眼就能感受到岛屿的美丽风光，很多人选择在这里举行婚礼仪式。

图 9-12　航拍马尔代夫港丽岛

横幅全景构图：让画面极具视觉冲击力

全景构图是一种广角图片，其优点：一是画面内容丰富，大而全，二是视觉冲击力很强，极具观赏价值。如图 9-13 所示为笔者航拍的马尔代夫港丽岛全景照片。

图 9-13 马尔代夫港丽岛全景照片

现在的全景照片，一是采用无人机本身自带的全景摄影功能直接拍成，二是运用无人机进行多张单拍，拍完后通过软件进行后期接片。在无人机的拍照模式中，有 4 种全景模式，即球形、180°、广角和竖拍，如图 9-14 所示，如果要使用无人机自带的全景功能拍摄横幅全景照片，则要选择 180° 的全景模式。

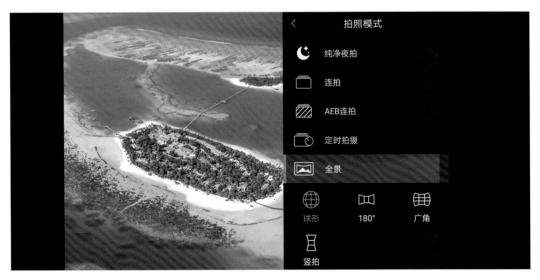

图 9-14 无人机的 4 种全景模式

9.10 水平线构图：航拍海岛日落风光照片

图9-15所示的照片，是航拍的海岛日落风光，天边的云彩在夕阳的照射下呈暖色调，海水也映红了，近景中的岛屿由于光线不足，呈冷色调，整个画面形成了强烈的冷暖色对比。这既是一张横幅全景构图的照片，也是一张水平线构图的照片，以海面分界线为水平线，天空与大海各占画面的二分之一，画面极具平衡、稳定感。

图9-15 使用水平线构图航拍的海岛日落风光

下面再展示两张笔者在海岛边航拍的日落风光照片，都是采用水平线构图手法，景色宜人，如图9-16所示。

图9-16 海岛边航拍的日落风光照片

图 9-16　海岛边航拍的日落风光照片（续）

| 第 10 章 |

航拍日出日落：
展现精彩的光影世界

日出日落是我们经常拍摄的一个题材，在前面几章中，我们也穿插讲解了日出与日落的一些拍摄技巧，拍摄者可以利用水面、云彩等其他景物来美化画面，通过巧妙地结合水面的太阳光影进行构图，使画面的意境更加美观。本章主要介绍航拍日出日落风光的技巧，把握好拍摄日落的最佳时机。

- 注意事项：航拍日出日落需要注意的要点
- 逆光构图：航拍日出的星芒特效
- 云海日出：在山顶航拍出云海日出效果
- 高山日落：航拍出有层次感的日落效果
- 定时拍摄：拍摄多张日落傍晚的画面
- 延时摄影：记录夕阳西下时的风光景色
- 前景构图：通过云层拍出日落的倒影
- 水平线构图：拍摄城市日落的画面
- 三分线构图：拍摄黄昏夕阳下的情侣

10.1 注意事项：航拍日出日落需要注意的要点

日出日落的精彩，可能只有短短的几分钟时间，如果我们想要航拍出绝美的日出日落风光照片，就需要掌握一定的技巧。下面介绍相关注意事项与要点。

1. 安装 App，掌握日出与日落的时间

如果我们想拍摄日出与日落，就需要提前知道日出与日落的时间，在日出前或日落前半个小时，到达指定的航拍地点。预测日出与日落的 App 有很多，通过手机自带的 App 就可以查阅得到所在城市的日出与日落时间，如图 10-1 所示。

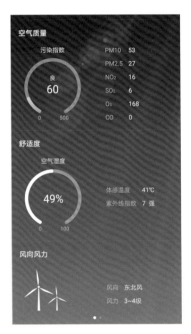
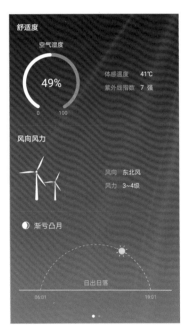

图 10-1　预测日出与日落的 App

在上述 App 的界面中，我们不仅可以查看日出与日落的时间，还可以查看当天的空气质量、风力、空气湿度等，如果天空中的雾霾太重，就拍不出绝美日落效果。所以，拍摄日出与日落，不仅对时间的把控非常重要，当天的天气是否晴朗也是关键因素。

2. 提前踩点、预飞，设定航拍路线

如果我们确定要在某个地点航拍日出与日落风景，那么最好提前踩点，看看哪个机位拍摄出来的日出日落最美，哪个角度更合适，等等，因为日出与日落最美的时间只有几分钟，没有时间让你来回试飞，可能等你试飞找到机位了，太阳已经下山了。所以，我们要提前踩点，确定飞行的机位、角度、航线等，把握住日出与日落一瞬间的美丽。

3. 逆光飞行中，一定要注意前面障碍物

拍摄日出与日落的风景，一般逆光拍摄，就是正对着太阳拍摄。因此逆光中飞行无人机的时候，从屏幕中看前方的画面，会出现曝光不足的情况，这时画面就会比较黑、看不清楚，所以在无人机飞行的时候，我们就需要更加集中注意力，观察屏幕前方是否有障碍物，让飞行的速度缓慢一点，尽量让无人机在可视范围内飞行。

逆光构图：航拍日出的星芒特效

星芒也是逆光的一种表现形式，当太阳穿过云层或者某些建筑物时，会出现星芒的效果。在太阳的照射下，就可以明显看出光线的线条，星芒摄影作品非常美。如图 10-2 所示为笔者借助戈壁、山丘等对象拍摄出来的星芒特效。

图 10-2　航拍日出的星芒特效

10.3 云海日出：在山顶航拍出云海日出效果

一般高山上能看到唯美的日出与日落效果，如泰山、华山、衡山、黄山、武功山等，在山顶航拍日出的时候，还能拍摄出层层的云海效果，景色非常漂亮，犹如仙境一般。最美的日出光影只有几分钟时间，当太阳渐渐升起的时候，云雾慢慢地散开。亲眼目睹并记录下这么美的瞬间，是一件非常幸福的事情。如图 10-3 所示为笔者航拍的云海日出效果。

图 10-3　笔者航拍的云海日出效果

10.4 高山日落：航拍出有层次感的日落效果

要想拍摄出有层次感的日落效果，就要借助地景与天上的云层，比如前景、中景、远景等，一层一层来展现。如图 10-4 所示为一幅比较有层次感的日落风光照片，前景是女孩，中景是山顶石头，远景是延绵山丘，最后是日落的光芒。

图 10-4　航拍出有层次感的日落效果

10.5 定时拍摄：拍摄多张日落傍晚的画面

使用无人机的"定时拍摄"功能，可以定时拍摄日落傍晚的风景，如图 10-5 所示。

图 10-5　拍摄多张日落傍晚的画面

图 10-5　拍摄多张日落傍晚的画面（续）

定时拍摄是指无人机自动隔几秒拍摄一张照片，这个功能可以很好地记录日落风光，然后通过后期软件将拍摄的照片合成为一段完整的视频，体现出延时画面的时间、空间感。在 DJI GO 4 App 的"拍照模式"中，有一个"定时拍摄"功能，有 2 秒、3 秒、5 秒、7 秒等不同的时间间隔，如图 10-6 所示，用户可根据拍摄需求进行选择。

图 10-6　根据拍摄需求选择不同的时间间隔

专家提醒

在"定时拍摄"模式下，如果用户选择"5s"选项，则表示 5 秒拍摄一张照片。如果选择 20s 选项，则表示 20 秒拍摄一张照片。

10.6 延时摄影：记录夕阳西下时的风光景色

使用无人机的延时摄影功能拍摄的夕阳西下时的风光景色，也是非常美的，无人机会自动拍摄多张照片，并进行自动合成，完整地记录日落风光，如图 10-7 所示为无人机航拍的日落延时风光视频画面，在拍摄过程中可以采用摇镜的手法进行多角度的拍摄。在第 7 章中介绍过延时摄影的相关方法，这里不再重复介绍。

图 10-7　记录夕阳西下时的风光景色

前景构图：通过云层拍出日落的倒影

前景构图是指在拍摄的主体前方利用一些陪衬对象来衬托主体，使画面更具空间感和透视感，还可以增加想象的空间。我们在航拍日落时，就可以将海面低空中的云层作为前景对象，日落在云层的后面，通过光芒的照射使拍摄的画面更具立体感，通过云层展现出日落的厚重感，日落的光芒倒映在水面上，形成一条光亮的"通路"，如图 10-8 所示。

图 10-8　通过云层拍出日落的倒影

10.8 水平线构图：拍摄城市日落的画面

日落的风景不仅在海边、高山上比较美，有时候在城市中也很漂亮，如图 10-9 所示，采用水平线构图手法，城市地景占画面下半部分，天空中的夕阳占画面上半部分，画面感很稳定，城市中的建筑风光体现了一片繁华景色。

图 10-9　拍摄城市日落夕阳的画面（图 2 摄影师：赵高翔）

10.9 ▶ 三分线构图：拍摄黄昏夕阳下的情侣

三分线构图的手法在拍摄夕阳时运用得比较多，如图 10-10 所示，天空中的云彩和夕阳占画面上三分之一的空间，海面地景占画面下三分之二的空间，整个画面给人的感觉非常温暖。这是笔者与爱人在夕阳下携手奔跑的照片，笔者真希望就这样和她一起白头偕老。

图 10-10　拍摄黄昏夕阳下的情侣

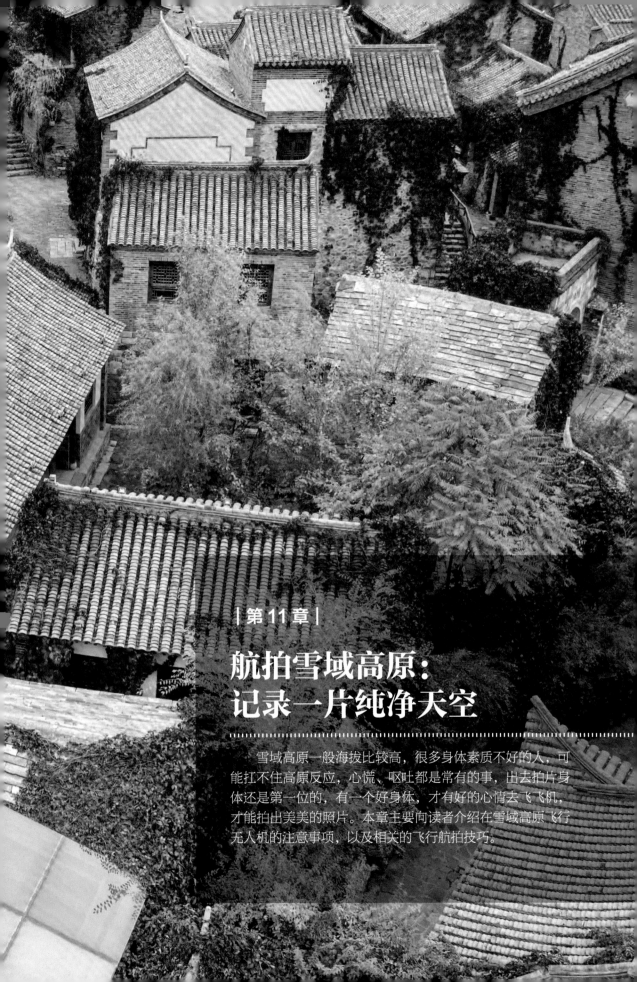

| 第 11 章 |

航拍雪域高原：
记录一片纯净天空

雪域高原一般海拔比较高，很多身体素质不好的人，可能扛不住高原反应，心慌、呕吐都是常有的事，出去拍片身体还是第一位的，有一个好身体，才有好的心情去飞飞机，才能拍出美美的照片。本章主要向读者介绍在雪域高原飞行无人机的注意事项，以及相关的飞行航拍技巧。

- 注意事项：航拍雪域高原需要注意的要点
- 向前飞行：航拍贡嘎雪山，欣赏雪域高峰
- 逐渐拉高：航拍子梅垭口，记录雪域出行
- 竖幅全景：展现雪域高原的狭长与延伸感
- 后退飞行：让雪山不断展现更多前景画面
- 对冲镜头：在雪山无人机正对汽车飞行
- 斜线构图：天然的雪山山坡，呈现立体感

注意事项：航拍雪域高原需要注意的要点

在雪域高原飞行无人机，与在城市飞行无人机的区别还是蛮大的，首先人对环境的身体感受就不一样，环境对飞手的身体素质有着极大的考验。在航拍雪域高原的时候，关于飞机与飞手这块，都有需要注意的事项，因为飞手有一个好身体，才能安全地飞行无人机。

1. 电池准备充足，雪域高原耗电较快

在雪域高原，一般温度较低，气温比较寒冷，无人机的电池放电速度会比较快，所以一定要多备两块电池。如果当时温度低于 –10℃，则一定要将电池进行充分预热之后再起飞。如果开车去目的地，则提前将电池在车里空调下预热。没有空调时，笔者一般准备保温袋和暖宝宝，十分方便。飞行的时候，一定要时刻注意剩余的电池电量，以免无人机因电量耗尽而"炸机"。如图 11–1 所示为笔者行走在雪域高原的照片。

图 11–1　笔者行走在雪域高原的照片

2. 低温下手机分分钟关机，怎么飞

低温下手机开不了机，一拿出来就关机了，这时怎么办呢？笔者推荐使用 DJI 自带屏幕的遥控器，当然实在没有办法的时候，笔者也会给手机贴上暖宝宝，手机拿出来之前要捂热，并且尽量保持满电。

3. 动作慢一点，别太急，保存氧气

在雪域高原，飞手尽量不要跑步前行，一定要慢慢地走，动作要慢一点，以防止出现高原反应，如果动作太急促，就会更快地消耗人体中的氧，导致头晕、缺氧，这样的身体状况就不适合飞无人机。

4. 准备抗高原反应的药物

第一次去雪域高原，一定要准备一些抗高原反应的药物，可以有效缓解高原反应给身体带来的不适感，降低心脏的压力，以备不时之需。

5. 个人保暖必备措施

高原地区的气候比较严寒、干燥，建议飞手准备一支唇膏，以防嘴唇裂开。个人保暖衣物一定要准备充足，如加热鞋垫等，暖宝宝是必需的。出发前应查询当地天气情况，做好充足的准备工作，防止身体的不适感影响自身的状态。

11.2 向前飞行：航拍贡嘎雪山，欣赏雪域高峰

在航拍雪山的时候，常用的飞行手法就是向前飞行，使无人机慢慢地靠近雪山，近距离拍摄出雪山的细节部分。如图 11-2 所示为向前飞行航拍的贡嘎雪山。

图 11-2　向前飞行航拍的贡嘎雪山

图 11-2　向前飞行航拍的贡嘎雪山（续）

下面再展示一段笔者在四姑娘山上航拍的雪山风光，也是使用向前飞行的手法拍摄的，如图 11-3 所示，操作方法：右手向上拨动摇杆，控制无人机向前飞行即可。

图 11-3　四姑娘山上航拍的雪山风光

11.3 逐渐拉高：航拍子梅垭口，记录雪域出行

一直向前逐渐拉高的航线，比向前飞行的航线操作难度要大一点，因为在拉高的过程中要保持无人机飞行的稳定性。操作方法：❶左手向上缓慢推摇杆，使无人机向上拉高；❷右手向上缓慢推摇杆，使无人机向前飞行；❸左手拨动云台俯首拨轮，调整镜头的拍摄角度。

如图 11-4 所示为笔者在子梅垭口，使用一直向前逐渐拉高的航线拍摄的一段视频画面，无人机由远及近地飞行，慢慢靠近我们出行的团队，记录了我们所在位置的环境场景，记录了我们在雪域高原出行的故事。

图 11-4　逐渐拉高航拍子梅垭口

子梅垭口位于甘孜州康定市贡嘎乡，海拔 4500 米，这里是近距离观看"蜀山之王"——贡嘎雪山的绝佳之地，也是航拍贡嘎雪山的绝佳位置，这里是一个全天开放的景点。

11.4 竖幅全景：展现雪域高原的狭长与延伸感

竖幅倒影的特点是狭长，而且可以裁去横向画面多余的元素，使得画面更加整洁，主体突出。竖幅构图可以给欣赏者一种向上、向下延伸的感受，可以将画面的上、下部分的各种元素紧密地联系在一起，从而更好地表达画面主题。

笔者在子梅垭口也航拍了一张竖幅全景构图的照片，如图 11-5 所示，同时也是一张三分线构图的照片，天空占画面三分之一，雪山地景占画面三分之二，主体突出，主题明确。

竖幅全景的拍摄方法：❶点击右侧的"调整"按钮 ⚙，进入相机调整界面；❷点击"拍照模式"选项，进入"拍照模式"界面；❸选择"全景"下的"竖拍"全景。

不论是竖幅全景构图，还是横幅全景构图，都要体现三层境界：全景构图只是宏观整体上的视觉展示方式，这是第一层；明确表达全景画面中的主题思想、主体对象、特色亮点，这是第二层；辅助其他构图方法，来最佳体现全景画面中的主题思想、主体对象、特色亮点，这是第三层，也是最高的境界体现。

图 11-5 竖幅全景构图的雪域高原照片

11.5 后退飞行：让雪山不断展现更多前景画面

后退飞行可以不断地展现更多的前景，给观众带来想象不到的美景，后退的飞行手法可以给视觉带来极大的冲击力，这种飞行手法在航拍雪域高原风景时用得比较多。如图 11-6 所示为笔者在雅哈垭口采用后退飞行的手法航拍的贡嘎雪山照片。

后退飞行的操作方法：右手向下拨动摇杆，控制无人机的后退即可。

图 11-6　后退飞行航拍的贡嘎雪山照片

11.6 对冲镜头：在雪山无人机正对汽车飞行

对冲镜头是指无人机与拍摄主体呈面对面的形式同时加速，相向而行，可以表现出拍摄主体的速度与冲力。这种对冲镜头适合拍摄的对象包括汽车、自行车、摩托雪橇等，最大的难度在于飞手要把握好无人机与拍摄对象之间的距离，以及当时气流的环境影响因素。

如图 11-7 所示的对冲镜头的画面，是笔者在阿坝县莲宝叶则风景区航拍的，操作方法：❶无人机根据汽车的速度倒退飞行；❷当与汽车的距离较近时，再与汽车相向飞行；❸只需右手向下或向上推摇杆，即可控制无人机向前对冲飞行的速度感。

图 11-7 在雪山无人机正对汽车飞行

11.7 斜线构图：天然的雪山山坡，呈现立体感

斜线构图是在静止的横线上出现的，具有一种静谧的感觉，同时斜线的纵向延伸可加强画面深远的透视效果。斜线构图的不稳定性使画面富有新意，给人以独特的视觉效果。

如图 11-8 所示为笔者在子梅垭口采用斜线构图航拍的照片，这是一个上坡的雪山地段，整个画面刚好呈斜线状，人物在中间起到了画龙点睛的作用，汇聚观众视线。斜线构图可以使画面产生三维的空间效果，也极具延伸感。

图 11-8　在子梅垭口采用斜线构图航拍的照片

| 第 12 章 |

航拍非洲动物：
与大自然亲密接触

笔者于 2019 年 6 月底去了一趟非洲卢旺达，卢旺达是
位于中非东部的国家，海拔较高，主要以山区和热带草原为
主，笔者在这里的国家公园中拍摄了很多非洲动物，有水牛、
羚羊、斑马、长颈鹿等，本章将解析航拍非洲动物的方法，
以及各种常用的航拍手法。

- 注意事项：航拍非洲动物需要注意的要点
- 侧身向前：航拍大草原上的水牛群体动物
- 横移飞行：向右横移航拍羚羊奔跑的场景
- 垂直向下：90°俯拍使动物变成一个点
- 旋转拉高：展示更广阔的视野来航拍动物
- 俯视向前：采用直线飞行手法飞越动物群
- 兴趣点环绕：以动物为中心进行环绕拍摄

12.1 注意事项：航拍非洲动物需要注意的要点

卢旺达一共有 3 个国家公园，分别是火山国家公园（Volcanoes）、阿卡盖拉国家公园（Akagera）和纽格威国家公园（Nyungwe）。如图 12-1 所示的照片是笔者在非洲大草原上起飞无人机航拍的场景。

图 12-1　在非洲大草原上起飞无人机航拍的场景

接下来，我们看看航拍非洲动物需要注意哪些事项，方便飞手提前做好准备。

1. 与动物要保持一定距离

飞手使用无人机航拍的时候，尽量离动物远一点，保证安全，建议使用中长焦镜头，比如大疆悟 2 X7 50mm 的镜头。

2. 录制视频时，设置 4K 60 帧的参数

使用无人机录制视频的时候，建议设置 4K 60 帧的参数，60 帧视频的流畅度已经逐渐得到了用户的喜爱，4K 视频也是非常高清的视频尺寸，这样在裁切的画面时焦距会更长一点，免得惊扰到这些动物。

3. 在大草原上，适合航拍大场景的画面

在非洲大草原上，适合航拍大场景的动物画面。很多动物聚集在一起，这样的场景让人

非常震撼，所以可以多拍摄一些这种大场景的照片或视频，如图 12-2 所示，拍摄时，一定要尽量离动物远一点。

图 12-2　适合航拍大场景的画面

4. 去非洲卢旺达需要注意的事项

首先，感谢 RDB（卢旺达旅游发展局）的邀请，让我第一次踏上非洲大陆，这次同行的还有几位国内的大咖，让我们的旅程充满了精彩。我们乘坐的是卢旺达航空公司的广州直飞卢旺达首航，出境的时候，国内警察对无人机和电池还是很善意的，笔者带了一台御 2 四块电池，一台悟 2 八块电池，还有若干索尼微单电池，以及两个 20000 毫安时的小米移动电源，都顺利过了安检，如图 12-3 所示，笔者本人才 90 多斤却带了 100 多斤的行李。

图 12-3　笔者一个人带了 100 多斤的行李

卢旺达对无人机的管制非常严格，没有报备几乎是不让飞的。到了卢旺达入境的时候尽管我们提前报备了，下飞机仍被机场警察叫去谈话，要求无人机留在机场，出境的时候再还给我们。最终到晚上 10 点，经过一系列的协调，我们才拿回了 2 台御 2 和一台悟 2。

所以，飞手如果要去卢旺达拍野生动物，就一定要注意无人机入境问题。还要特别提醒，从 2018 年 1 月 1 日起，卢旺达对全球所有国家开放不超过 30 天旅游的落地签证。所以，想要去非洲看动物的飞手们，可以出发了。

12.2 侧身向前：航拍大草原上的水牛群体动物

侧身向前是指无人机以侧身的方向对着人的视线，然后侧身向前飞行，这种拍摄手法有一定难度，主要是因为无人机的飞行方向与遥控器的操作方向不一致，人肉眼看着无人机是向前飞的，但实际无人机是侧身飞的，也就是不应该只操作向前飞行的摇杆，还要结合向左或向右的摇杆一起操作。无人机飞行之前，用户需要先观察周围的飞行环境，因为无人机侧身向前飞行时，用户在飞行界面中无法看清楚无人机前方的状况。

还有一种难度稍微大一点的飞行手法，就是无人机在侧身向前飞行的基础上，进行围绕转身，此操作的难度在于无人机由侧身向前转为侧身旋转，在连续性与精确性方面需要用户多加练习，才能录制出非常稳定的视频画面，否则视频画面会出现抖动、摇晃的情况。

如图 12-4 所示，采用侧身向前 + 转身的飞行手法，对水牛进行航拍，全方位、多角度地展现了航拍场景。操作方法：❶右手向右拨动摇杆，控制无人机侧身飞行；❷右手向上拨动摇杆，控制无人机前进；❸左手向左或向右拨动摇杆，控制无人机转身。

图 12-4 采用侧身向前 + 转身的飞行手法进行航拍

图 12-4　采用侧身向前 + 转身的飞行手法进行航拍（续）

12.3 ▶ 横移飞行：向右横移航拍羚羊奔跑的场景

　　横移的飞行手法可以拓展画面的宽度，操作方法：❶主要通过右手来拨动遥控器的摇杆；❷向左拨动摇杆表示向左横移飞行；❸向右拨动摇杆表示向右横移飞行。如图 12-5 所示为笔者通过向右横移的飞行手法，航拍羚羊奔跑的画面。

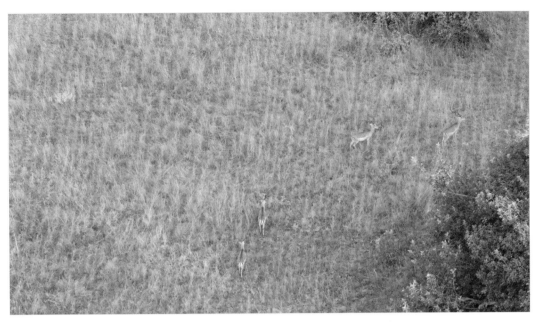

图 12-5 　向右横移航拍羚羊奔跑的场景

12.4 垂直向下：90°俯拍使动物变成一个点

　　无人机镜头垂直向下 90°航拍的时候，一只只动物在画面中像一个个点一样，形成了明显的点构图画面，一个点代表一只动物，具有高空的俯视感。如图 12-6 所示为采用俯视的视角航拍的水牛照片。操作方法：拨动遥控器背面的"云台俯仰"拨轮，垂直 90°。

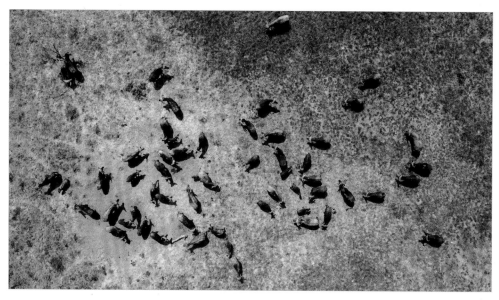

图 12-6　镜头垂直向下 90°航拍的水牛照片

12.5 旋转拉高：展示更广阔的视野来航拍动物

俯视旋转拉高是指无人机在俯视旋转的时候，再加上拉高的手法，这是航拍当中常用的镜头。俯视旋转是在拍摄动物时加上了一个拉升的运动，使得画面更加生动，场景所显示的环境空间也越来越大，展示更广阔的视野，如图 12-7 所示。操作方法：❶拨动"云台俯仰"拨轮，垂直 90°；❷左手向左拨动摇杆，向左旋转；❸左手向上推动摇杆，拉升无人机。

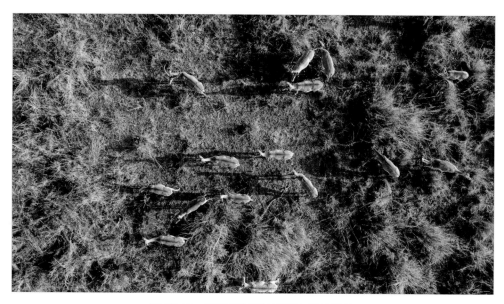

图 12-7　展示更广阔的视野来航拍动物

图 12-7　展示更广阔的视野来航拍动物（续）

12.6 俯视向前：采用直线飞行手法飞越动物群

俯视向前，是指无人机的镜头向下俯视，俯视角度可根据需要进行调整，同时使用向前飞行的航线，如图 12-8 所示，画面中的俯视角度为 30° 左右。操作方法：❶拨动"云台俯仰"拨轮，俯视 30°；❷右手向上推动摇杆，向前飞行无人机。

图 12-8　采用直线飞行手法飞越动物群

图 12-8　采用直线飞行手法飞越动物群（续）

12.7 兴趣点环绕：以动物为中心进行环绕拍摄

"兴趣点环绕"模式在飞行圈里面俗称"刷锅"，是指无人机围绕设定的兴趣点进行 360° 的旋转拍摄，如图 12-9 所示，笔者以长颈鹿为环绕中心点进行 360° 环绕拍摄。

图 12-9　以长颈鹿为环绕中心点进行 360° 环绕拍摄

　　通过上述展示的视频画面，下面介绍使用"兴趣点环绕"模式的操作方法。

STEP 01 　在 DJI GO 4 App 飞行界面中，点击左侧的"智能模式"按钮 🔘，在弹出的界面中点击"兴趣点环绕"按钮。

STEP 02 　进入"兴趣点环绕"拍摄模式，在飞行界面中用手指对着长颈鹿，拖动绘制一个方框，设定兴趣点对象。

STEP 03 　点击 GO 按钮，即可进行兴趣点环绕飞行拍摄。

第 13 章

航拍沙漠风景：
欣赏一望无际的沙漠

　　2019 年 5 月初，笔者与朋友们来了一趟巴丹吉林沙漠的穿越之旅，第一次进沙漠，笔者的感受是太刺激了，带着我的大疆无人机，飞越在沙漠之上，拍下了不少美景。很多人都向往沙漠的风景，放眼望去一片金黄，各种曲线美感映入眼帘，实在是美！本章将航拍巴丹吉林沙漠，带领大家领略沙漠的风光，航拍出绝美的风光大片。

- 注意事项：航拍沙漠风景需要注意的要点
- 后退飞行：体现画面速度感和广阔的沙漠
- 环绕延时：360°航拍沙漠中的车队
- 水平线构图：一半沙漠一半天空，大场景
- 斜线构图：展现更辽阔的沙漠地景风光
- 对称构图：借助沙漠绿洲拍摄出水中倒影
- 曲线构图：航拍沙丘的多重曲线美感
- 俯视构图：俯拍巴丹吉林沙漠的盐湖

13.1 注意事项：航拍沙漠风景需要注意的要点

沙漠气候干燥、雨水稀少，很少有绿色植被，在这样的环境中飞行无人机，需要注意哪些事项呢？下面进行简单说明。

1. 防止沙子进入相机

在沙漠中摄影，千万不能让相机或无人机中进沙子，沙漠中的沙子很细小，如果无人机设备没有被保护好，那么沙子很容易被风吹进机器里面。如果沙子进入电机中，就会非常麻烦，会损坏无人机。所以，在沙漠中航拍，一定要拿稳无人机，做好防沙工作。

2. 无人机起飞的时候要注意

沙漠是由黄沙组成的，沙漠地域大多是沙滩或沙丘，全是沙子，如图 13-1 所示，这种环境下是不能让无人机直接在沙子上起飞的，因为无人机起飞的时候，桨叶会旋转，同时也会吹起地面的沙子，这时沙子就很容易被吹进电机里面。所以，我们需要准备一张桌子，让无人机在桌子上起飞，或者让无人机在汽车车顶上起飞，这样能防止无人机中进沙子。

图 13-1　一望无际的沙漠

无人机降落的时候也要注意，一定要让无人机平稳地降落在桌子上或者车顶上，或者其他与沙子隔离的设备上，千万不能在沙子上降落。

3. 注意要给设备降温

　　沙漠中的温度很高，飞行无人机的时候，不管是无人机还是手机、iPad 等图传设备，都会很烫，所以一定要注意给设备降温。笔者这次在巴丹吉林沙漠飞行的时候，手机直接被晒到提示"高温，请冷却之后再使用"。如果没有做好降温处理，则会导致设备爆炸起火。

4. 关于沙漠的天气方面

　　关于天气情况，一定要提前做好攻略，最好在晴天的时候进沙漠，这样拍摄出来的沙子是黄色的，才漂亮。如果阴天进沙漠，那么拍摄出来的沙子就会混沌不清，画面不美。这是天气方面需要提前做好的准备工作。

5. 关于服装衣物的准备

　　沙漠白天温度很高，晚上温度则很低，长衣长裤肯定是要准备的，再准备一件大红裙，白天的时候非常适合在沙漠中拍出美美的照片，如图 13-2 所示，画面中的女子就是笔者的妻子，穿着一件大红裙，能迅速吸引住观众的眼球。

图 13-2　准备一件大红裙拍摄风光人像片

　　进沙漠之前，还要准备好鞋套，因为白天气温高，沙子很烫，如果不穿鞋套，沙子就会大把大把地进入鞋子里面，烫得脚会受不了。另外，口罩、墨镜、围巾、面纱和唇膏，都是要准备的。口罩必须戴好，防止沙子进入鼻子、嘴巴；墨镜不仅可以防止紫外线对眼睛的伤害，还可以阻挡风沙的入侵。反正把自己好好包起来，绝对没错。

13.2 后退飞行：体现画面速度感和广阔的沙漠

在前面的相关章节中，也介绍了后退飞行的航拍手法，操作方法：右手向下拨动摇杆，控制无人机的后退即可。这种方式也适合沙漠中的航拍，能很好地体现画面的速度感，如图 13-3 所示，无人机通过近景的航拍，不断地后退使画面主体越来越远，不断展现前景的方式带来更广阔的沙漠风光。

图 13-3　后退飞行航拍沙漠风光

13.3 环绕延时：360°航拍沙漠中的车队

环绕延时是指飞手可以选择顺时针或者逆时针进行环绕延时拍摄，这也是御 2 特有的功能，无人机可以自动根据框选的目标计算环绕中心点和环绕半径，然后用户可以选择顺时针或者逆时针进行延时拍摄。

下面介绍使用"环绕延时"功能的方法，❶在 DJI GO 4 App 飞行界面中，点击左侧的"智能模式"按钮📷；❷在弹出的界面中点击"延时摄影"按钮；❸进入"延时摄影"拍摄模式；❹点击"环绕延时"图标；❺进入"环绕延时"拍摄界面；❻在航拍界面中框选需要环绕的目标，这里选择中间的几辆车；❼选择拍摄间隔和视频时长；❽点击 GO 按钮，即可开始拍摄环绕延时视频，如图 13-4 所示。

图 13-4　360°航拍沙漠中的车队

13.4 水平线构图：一半沙漠一半天空，大场景

水平线构图也比较适合在沙漠中航拍，沙漠地景占画面下半部分，天空占画面上半部分，天空中还飘着朵朵云彩，很好地装饰了天空，显得天空没有那么单调，展现出了沙漠大场景的画面效果，如图 13-5 所示。

图 13-5　水平线构图手法

13.5 斜线构图：展现更辽阔的沙漠地景风光

在拍摄沙漠风光的时候，还有一种构图手法运用得比较多，就是斜线构图方式，呈现出斜线美感。沙漠中都会有一条长长的公路，这条公路就具有天然的斜线美感，给人一种无限延伸的感觉，增强了沙漠风光的辽阔感，如图 13-6 所示。

沙漠中的日出日落也是非常美的一道风景，当太阳要下山的时候，夕阳映红了天边的云彩，暖暖的色调让人感觉很温馨。如图 13-7 所示为采用斜线+三分线构图手法拍摄的日落效果，以汽车为前景，辽阔的沙漠为中景，天边的夕阳为远景，整个画面极具层次感、立体感。

图 13-6　斜线构图手法

图 13-7　采用斜线 + 三分线构图手法拍摄的日落效果

13.6 对称构图：借助沙漠绿洲拍摄出水中倒影

在沙漠中，有时候会遇到一片绿洲，我们可以利用这一片绿洲拍摄出水面倒影的效果，使画面形成上下对称式构图，产生严肃、平衡、庄重的视觉效果，同时也可以通过对称来突出主体，利用平静的水面倒影形成对称式构图，可以使沙漠看上去更加饱满，同时也给人带来一种美的感受，如图 13-8 所示。

图 13-8　采用对称构图手法拍摄水面倒影

13.7 曲线构图：航拍沙丘的多重曲线美感

沙漠中会有很多弯弯曲曲、高低不平的沙丘，形成一种天然的曲线美，加上黄沙的细腻，整体给人一种非常柔软的感觉，所以曲线构图也非常适合沙漠这种大场景，如图 13-9 所示，画面中的越野车富有动感，有画龙点睛之效。

图 13-9　航拍沙丘的多重曲线美感

13.8 俯视构图：俯拍巴丹吉林沙漠的盐湖

如果沙漠中有漂亮的地景，则可以采用俯视构图的拍摄手法，体现出地景的形态与个性美。如图 13-10 所示为笔者采用俯视构图的手法，航拍的巴丹吉林沙漠的盐湖，以鸟瞰的视角来欣赏盐湖的美景，形态十分优美。

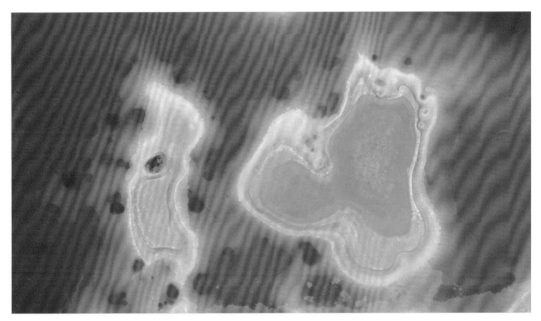

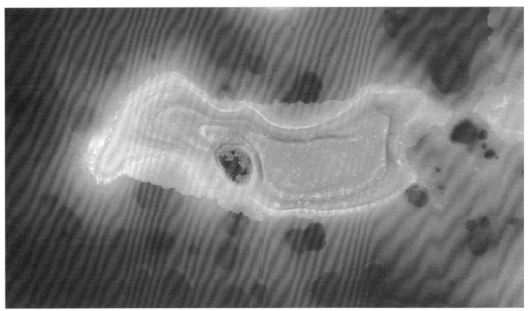

图 13-10 俯拍巴丹吉林沙漠的盐湖

| 第 14 章 |

航拍桥梁风光：
体现个性化的城市建筑

　　我们身边时时有桥、处处有桥。那么，怎样才能将我们身边常见的桥拍出特色呢？以上帝的视角来俯拍桥梁，可以体现桥的整体特点，还可以将周围的景物也容纳进来，如海面、天空、岛屿、建筑等，使画面内容更加丰富，效果整体大气、恢宏。本章主要介绍航拍桥梁风光的各种手法，体现城市的繁华与个性。

- 注意事项：航拍桥梁风光需要注意的要点
- 穿越飞行：横穿桥梁带来刺激的视觉感受
- 俯视向前：垂直 90°航拍汽车行驶画面
- 一键短片：使用智能模式航拍福元路大桥
- 斜线构图：体现出大桥的悠长与宏伟气势
- 日落时分：航拍太阳下山时的大桥美景

14.1 注意事项：航拍桥梁风光需要注意的要点

　　无人机飞行在桥梁的上空，画面中有海、桥、城市建筑等元素，可以从不同角度、不同方位以及不同的取景位置来拍摄桥梁，以获得更好的航拍效果。那么，我们在航拍桥梁风光的时候，需要注意哪些事项呢？下面进行简单讲解。

1. 无人机容易被桥上的大风吹离航线

　　桥梁一般建在湖面、江面和海面上，而这些地方的风通常比较大，我们将无人机飞行到空中后，在飞行航拍的过程中，无人机可能会产生不同程度的倾斜，被风吹离原定的航线，此时可能需要稍微摇杆，对飞行航线进行修正。

2. 桥上有很多钢筋，飞行时要注意

　　钢筋与混凝土是桥梁的主要建造材料，而这些建造材料对无人机的信号也会有一定的干扰作用，所以在航拍桥梁的时候，尽量拍摄大场景。对新手来说，如果飞行技术不太熟练，而无人机靠桥梁又比较近，则是十分不安全的，万一无人机撞到桥梁架子就会坠毁。所以，在桥上飞行无人机的时候，一定要注意四周的障碍物。

　　桥梁四周有时候会建一些信号塔，飞行无人机之前一定要仔细观察周围的环境，远离这些信号塔，以免无人机的飞行信号受到影响。

14.2 穿越飞行：横穿桥梁带来刺激的视觉感受

　　穿越飞行的难度比较高，因为在无人机穿越的过程中视线会受到一定影响，而且无人机的飞行空间也会受到一定限制，但是拍摄出来的作品效果非常好。我们在航拍桥梁的时候，也可以采用穿越飞行的手法，让无人机从桥中间穿过，如图 14-1 所示。

图 14-1　让无人机从桥中间穿过

我们在很多电视剧中看到的场景，比如汽车行驶在桥上，就是采用无人机航拍手法，追随汽车拍摄的，或者为了体现城市的繁华，航拍来往汽车的场景，这种画面一般是采用低空航拍的手法完成的。操作方法：❶左手向下推动摇杆，控制无人机的下降；❷右手向上推动摇杆，控制无人机向前穿越飞行桥梁；❸在无人机飞行的过程中，用户可以拨动"云台俯仰"拨轮，调整镜头的拍摄角度。

14.3　俯视向前：垂直 90°航拍汽车行驶画面

无人机在桥梁上飞行的时候，俯视向前飞行也是运用得比较多的飞行手法，对于这种场景我们在电视中也经常看到，如图 14-2 所示。

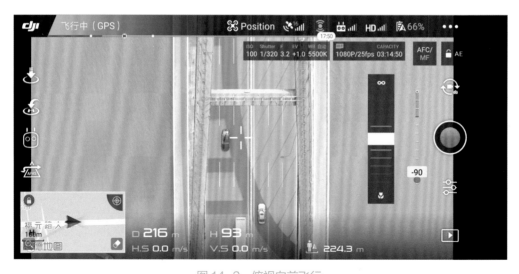

图 14-2　俯视向前飞行

操作方法：❶拨动"云台俯仰"拨轮，调整镜头垂直向下 90°；❷右手向上推动摇杆，控制无人机直线向前飞行；❸在无人机飞行的过程中，右手向左或向右推动摇杆，可以修正无人机的飞行航线。如图 14-3 所示为采用俯视向前飞行的手法航拍的视频画面。

图 14-3　俯视向前飞行航拍的视频画面

14.4 一键短片：使用智能模式航拍福元路大桥

"一键短片"模式包括多种不同的拍摄方式，依次为渐远、环绕、螺旋、冲天、彗星、小行星以及滑动变焦等方式，无人机将根据用户所选的方式持续拍摄特定时长的视频，然后自动生成一个 10 秒以内的短视频。下面介绍使用"一键短片"模式的操作方法。

在 DJI GO 4 App 飞行界面中，❶点击左侧的"智能模式"按钮 📷；❷在弹出的界面中点击"一键短片"按钮；❸进入"一键短片"飞行模式，在界面中用手指拖动绘制一个绿色的方框，标记为目标点，界面中提示正在执行一键短片拍摄，如图 14-4 所示；❹在下方点击"冲天"按钮；❺点击 GO 按钮，即可开始进行一键短片的拍摄。

图 14-4　提示正在执行一键短片拍摄

在拍摄的过程中，无人机以设定的目标点为目标，开始"冲天"飞行，如图 14-5 所示。

图 14-5　无人机开始"冲天"飞行

当一键短片拍摄结束后，屏幕中会提示用户"一键短片结束，飞行器返回起始点"，如图 14-6 所示，当出现这样的信息时，无人机将进行返航操作。在图库文件夹中，可以预览拍摄的一键短片视频效果。

图 14-6　一键短片拍摄结束

14.5 斜线构图：体现出大桥的悠长与宏伟气势

桥梁建造在湖面、江面之上，因此桥梁具有狭长的特点，狭长的对象都具有斜线的特性，所以我们可以采用斜线构图的手法来航拍桥梁，体现出大桥的悠长，如图 14-7 所示。

图 14-7　采用斜线构图的手法航拍的大桥风光

14.6 ▶ 日落时分：航拍太阳下山时的大桥美景

　　一天之中，日落时分的景色极美，夕阳染红了半边天。如图 14-8 所示的这两幅照片中有大桥、城市建筑、夕阳美景和河流船只，画面极具震撼力、吸引力。

图 14-8　夕阳下的大桥美景

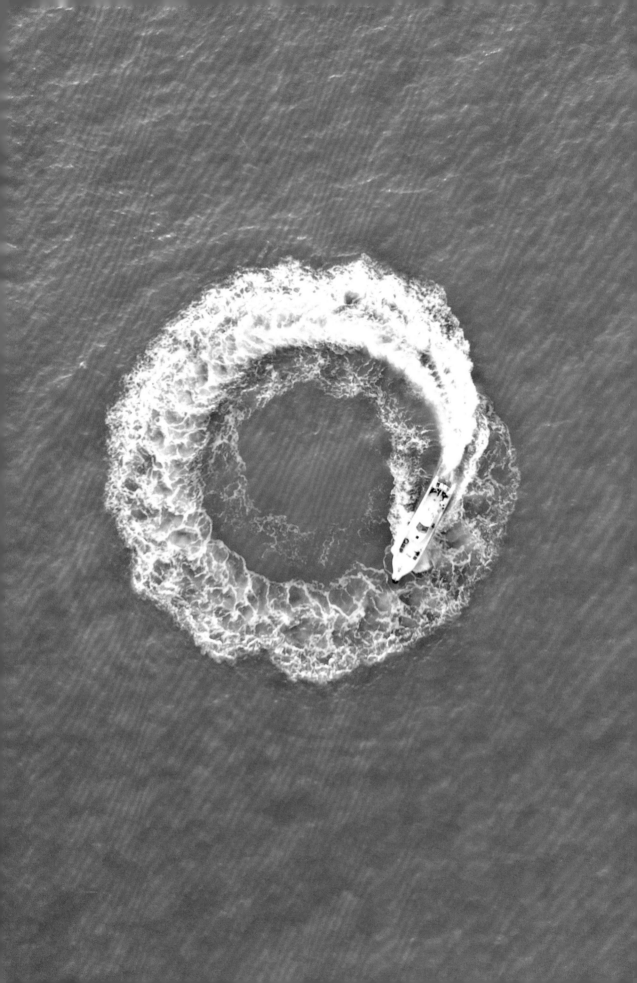

第 15 章

航拍璀璨夜景：
俯视夜空中最亮的景色

夜景同样是无人机镜头中的一道靓丽风景线，受到很多摄影爱好者的青睐，尤其是城市、古镇中的夜景照片，通常是通过多彩的灯光来表现的。要想使用无人机航拍出绝美的夜景照片，还需要掌握一定的航拍技巧，希望读者熟练掌握本章夜景的航拍内容。

- 注意事项：航拍夜景需要注意的要点
- 一镜到底：使用长镜头来航拍城市夜景
- 后退拉高：展现越来越宽广的夜景画面
- 建筑夜景：通过人造灯光的装饰非常美
- 喷泉夜景：城市中一道靓丽的风景线
- 道路夜景：俯拍城市中五彩缤纷的线条
- 公园夜景：最有诗情画意的休闲之地
- 立交桥夜景：车辆穿梭体现出繁华景象

15.1 注意事项：航拍夜景需要注意的要点

夜景拍摄是无人机航拍中的一个难点，由于夜间光线不佳，昏暗的光线容易导致拍摄画面黑糊糊的，而且噪点非常多，那么如何才能稳稳地拍出绚丽的夜景呢？下面讲解航拍夜景时需要注意的事项，读者应仔细阅读并掌握夜景的拍摄技巧。

1. 白天踩点，晚上再飞

夜间航拍光线会受到很大的影响，当无人机飞到空中的时候，飞手只看得到无人机的指示灯一闪一闪的，其他的什么都看不见。很多人觉得夜景很美，特别是城市中川流不息的汽车和灯光，别有一番景致。飞手在夜间起飞航拍前，一定要在白天检查好拍摄地点，观察上空是否有电线或者其他障碍物，以免造成无人机坠毁，因为晚上的高空环境是人肉眼所看不见的。

2. 设置白平衡，修正画面色彩

白平衡，从字面上来理解就是白色的平衡，它是描述显示器中红、绿、蓝三基色混合后白色精确度的一项指标，通过设置白平衡可以解决色彩和色调处理的一系列问题。

设置白平衡的方法：进入飞行界面，点击右侧的"调整"按钮，进入相机调整界面，切换至"录像"选项卡，选择"白平衡"选项，进入"白平衡"界面，默认情况下，白平衡参数为"自动"模式，由无人机根据当时环境的画面亮度和颜色自动设置白平衡的参数。

3. 拍摄夜景前，先停顿 5 秒，再拍

我们在夜间拍摄前，最好使无人机在空中停顿 5 秒再按下拍照键，或者再开始录制视频，因为夜间航拍本来光线就不太好，拍出来的画面噪点较多，如果在急速飞行的状态下拍摄照片或视频，那么拍出来的效果肯定是模糊不清的。

4. 设置感光度与快门，降低画面噪点

ISO 就是我们通常所说的感光度，即相机感光元件对光线的敏感程度，反映了其感光的速度。ISO 的调整有两句口诀：感光度数值越高，则对光线越敏感，拍出来的画面就越亮。反之，感光度数值越低，画面就越暗。因此，大家可以通过调整 ISO 将曝光和噪点控制在合适范围内。需要注意的是，夜间拍摄，感光度越高，画面噪点就越多。

在光圈参数不变的情况下，提高感光度能够使用更快的快门速度获得同样的曝光量。感光度、光圈和快门是拍摄夜景的三大参数，到底多么大的 ISO 才适合拍摄夜景呢？我们要结合光圈和快门参数来设置。一般情况下，感光度参数值建议在 ISO 100 ～ ISO 200 之间，ISO 参数值最高不要超过 400，否则对画质的影响会很大。

快门用来控制拍照时的曝光时长，夜间航拍时，如果光线不太好，则可以加大光圈、降低快门速度，对比可以根据实际的拍摄效果来调整。在繁华的大街上，如果想拍出汽车的光影运动轨迹，则主要是延长曝光时间，使汽车的轨迹形成光影线条的美感。

感光度与快门的设置方法，在第 3 章中有详细的介绍，读者可参考前面的方法进行操作，使用 M 手动模式来设置参数，航拍夜景，如图 15-1 所示。

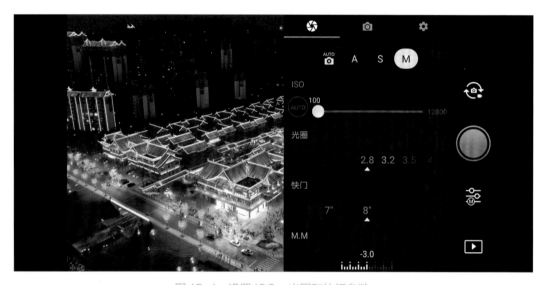

图 15-1　设置 ISO、光圈和快门参数

5. 使用"纯净夜拍"模式航拍夜景

大疆 Mavic 2 无人机有一种拍摄模式是专门用于夜景的，即"纯净夜拍"模式，这种模式拍摄出来的夜景效果非常不错，相当于华为 P20 手机中的"超级夜景"模式，大家可以试一试。设置方法：❶在飞行界面中点击右侧的"调整"按钮；❷进入相机调整界面，点击"拍照模式"选项；❸进入"拍照模式"界面，选择"纯净夜拍"模式即可，如图 15-2 所示。

6. 开启无人机三脚架模式

开启无人机的三脚架模式，在航拍夜景的时候，可以方便用户在空中进行微调构图，使拍摄更加稳定、流畅，还可以提高画面的清晰度，使拍摄出来的夜景画质更佳。以大疆 Mavic 2 无人机为例，在无人机的右侧有一个 T 档，这就是三脚架模式。如果是悟 2 或者精灵系列的无人机，就要在 DJI GO 4 App 中开启该功能。

图 15-2 "纯净夜拍"模式

15.2 一镜到底：使用长镜头来航拍城市夜景

使用"一镜到底"的手法来航拍夜景，难度较大，但拍摄出来的夜景效果极美。"一镜到底"的拍摄方式是指使用一个连续的长镜头，中间没有任何断片的场景出现，虽然拍摄难度较大，但拍摄出来的效果很好，我们在一些电视剧或者电影中，经常会看到这样的航拍场景。要想拍出"一镜到底"的视频效果，飞手就应使无人机在飞行的过程中，速度一定要缓慢、稳定，保持连贯的运动速度，在无人机飞行时还可以适当改变云台相机的朝向，让画面看上去形成自然的视线转移。如图 15-3 所示为笔者使用"一镜到底"航拍的眉山夜景画面，效果非常好，极具视觉冲击力。

图 15-3 使用"一镜到底"航拍的眉山夜景画面

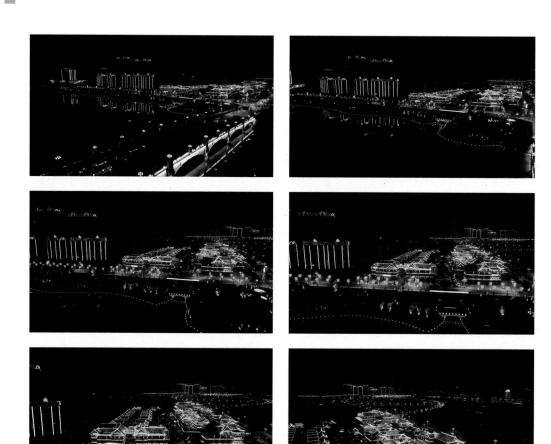

图 15-3　使用"一镜到底"航拍的眉山夜景画面（续）

　　"一镜到底"的操作手法需要高超的技术，一般不建议新手使用，容易"炸机"。老手在操控无人机飞行的时候，可以采用左右手结合打杆的方式，找到最佳的拍摄方位与角度。

15.3　后退拉高：展现越来越宽广的夜景画面

　　后退拉高的飞行手法可以展现出更多的夜景画面，使航拍的场景越来越大，如图 15-4 所示，操作方法：❶右手向下拨动摇杆，控制无人机的后退；❷左手向上推摇杆，控制无人机的拉高上升，即可得到越来越宽广的夜景画面。

图 15-4　展现越来越宽广的夜景画面

15.4 建筑夜景：通过人造灯光的装饰非常美

　　有些建筑物在晚上会被打上人造灯光，意境非常美。我们可以以近景航拍，也可以以远景俯拍，对这些航拍手法可以灵活运用，如图 15-5 所示，晚上航拍的建筑夜景非常漂亮，但大家需要白天踩点，观察天空中是否有电线，或者周围是否有电线杆，这些因素会影响飞行的安全性。

图 15-5　航拍建筑夜景

15.5　喷泉夜景：城市中一道靓丽的风景线

　　夜晚的音乐喷泉在城市中也是一道靓丽的风景线，吸引了众多的人在公园中散步、观景。
如图 15-6 所示为笔者在眉山公园中航拍的音乐喷泉夜景，航拍这样的画面时，无人机要飞
得高一点，离喷泉的位置要远一点，否则喷泉中的水喷出来，足以打落无人机，无人机要么

掉进公园的水池中，要么砸到游客，造成不好的影响。

图 15-6　航拍喷泉夜景视频画面

15.6 道路夜景：俯拍城市中五彩缤纷的线条

　　城市道路中的夜景，在灯光的装饰下闪闪发光，我们可以以水平线、中心线、斜线等构图手法进行航拍，垂直 90°的俯拍角度非常不错，如图 15-7 所示，一般大马路上会有灯光照射，而其他没有照射的地方就是黑色，画面颜色非常鲜明。在航拍这样的道路时，要求夜空上方没有电线，这是比较重要的一点。

图 15-7　俯拍城市中的道路

 公园夜景：最有诗情画意的休闲之地

公园是人们闲暇时常去的地方，一般吃完晚饭后，很多人都会去公园散步，所以夜晚的

公园景色也是不错的。如图 15-8 所示的画面是采用 30° 俯拍的方式拍摄的，画面中有城市
建筑、公园湖水、音乐喷泉和小桥流水，在灯光的照射下，展示着缤纷夜景。

图 15-8　航拍公园夜景

15.8 立交桥夜景：车辆穿梭体现出繁华景象

立交桥最有特色的一点就是天然的曲线美，车辆在立交桥上穿梭，通过灯光的照射，体现出了一座城市的繁华景象。常用的航拍手法也是俯拍，将无人机上升至一定高度，拨动"云台俯仰"拨轮，俯视航拍画面，如图 15-9 所示。

图 15-9　航拍立交桥夜景

专家提醒

如果你想深入学习夜景摄影，那么建议看看这本书：《慢门、延时、夜景摄影从入门到精通》，让你的夜景摄影功力变得深厚，看得更远，拍得更美。

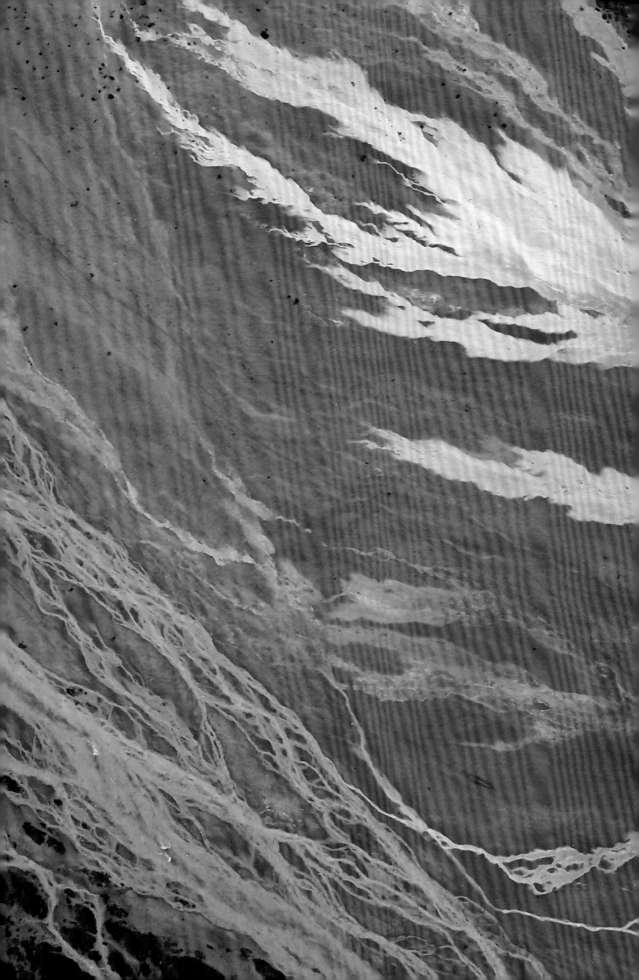

第 16 章

照片后期处理：
航拍作品的处理与精修

使用无人机进行航拍的时候，可能由于当天的拍摄环境不佳，或者光线暗淡，严重影响了整个画面的质感，此时照片的后期处理就显得尤为重要。如果我们对画质要求较高，则可以使用 Photoshop 进行后期处理；如果我们只是想发发朋友圈，就可以使用手机 App 来处理照片。本章主要介绍这两种进行照片后期处理的方法。

- 裁剪照片尺寸与大小
- 轻松修正曝光不足的照片
- 提高照片饱和度、增强色感
- 校正画面的色彩平衡效果
- 用清晰度加强雪山冲击力
- 调出一望无际的金黄沙漠
- 调出绚丽的城市夜景效果
- 制作丛林不同色调的美景
- 使用 MIX 对照片进行换天处理
- 使用 Snapseed 对照片进行调色
- 使用美图秀秀修饰画面并添加文字

16.1 裁剪照片尺寸与大小

在 Photoshop 中，使用裁剪工具可以对照片进行裁剪，重新定义画布的大小，由此来重新定义整张照片的构图，具体操作比较简单。下面详细介绍裁剪照片的操作方法。

STEP 01 单击"文件"|"打开"命令，打开一幅素材图像，如图 16-1 所示。

STEP 02 在工具箱中，选取裁剪工具，如图 16-2 所示。

图 16-1 打开一幅素材图像

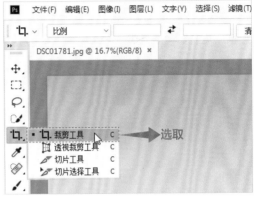

图 16-2 选取裁剪工具

STEP 03 此时，照片边缘会显示一个变换控制框，当鼠标指针呈形状时，拖动鼠标控制裁剪区域大小，确定需要裁剪的区域，如图 16-3 所示。

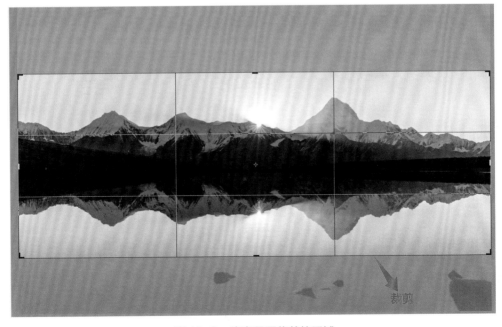

图 16-3 确定需要裁剪的区域

专家提醒

选取工具箱中的裁剪工具 ⊏ 后，在工具属性栏中，还可以设置照片裁剪的比例，比如16:9或者4:3的尺寸等。

STEP 04 按【Enter】键确认，即可完成照片的裁剪，效果如图16-4所示。

图16-4　完成照片的裁剪

16.2 轻松修正曝光不足的照片

由于天气或光线问题，有时候航拍出来的照片画面较暗，曝光不足，此时需要调整照片的亮度和对比度，使照片更具美感。下面介绍调整照片亮度和对比度的操作方法。

STEP 01 单击"文件"|"打开"命令，打开一幅素材图像，如图16-5所示。

图16-5　打开一幅素材图像

专家提醒

使用"亮度 / 对比度"命令可以对图像的色调范围进行简单的调整，其与"曲线"和"色阶"命令不同，它对图像中的每个像素均进行同样的调整，而对单个通道不起作用，建议不要用于高端输出，以免引起图像中细节的丢失。

STEP 02 ▶ 在菜单栏中，单击"图像"|"调整"|"亮度 / 对比度"命令，弹出"亮度 / 对比度"对话框，设置"亮度"为 80、"对比度"为 40，如图 16-6 所示。

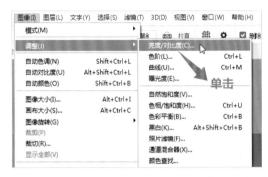 

图 16-6 设置各参数值

专家提醒

在"亮度 / 对比度"对话框中，各主要选项含义如下。

➤ 亮度：用于调整图像的亮度。该值为正时增加图像亮度，为负时降低亮度。

➤ 对比度：用于调整图像的对比度。该值为正时增加图像对比度，为负时降低对比度。

STEP 03 ▶ 单击"确定"按钮，即可提亮画面，效果如图 16-7 所示。

图 16-7 调整图像亮度和对比度后的效果

16.3 提高照片饱和度、增强色感

在 Photoshop 中，如果照片的色彩有点暗淡，颜色不深，那么可以加强色彩的饱和度，使照片的颜色更具视觉冲击力。下面介绍提高照片饱和度、增强色感的操作方法。

STEP 01 单击"文件"丨"打开"命令，打开一幅素材图像，如图 16-8 所示。

图 16-8　打开一幅素材图像

STEP 02 在菜单栏中，单击"图像"丨"调整"丨"自然饱和度"命令，弹出"自然饱和度"对话框，设置"饱和度"为 40，即可调整照片的饱和度，加强照片的视觉色彩，如图 16-9 所示。

图 16-9　调整照片的饱和度

专家提醒

"自然饱和度"命令可以用于调整整幅图像或单个颜色分量的饱和度和亮度值，在"自然饱和度"对话框中，各主要选项含义如下。

➤ 自然饱和度：在颜色接近最大饱和度时，最大限度地减少修剪，可以防止过度饱和。

➤ 饱和度：用于调整所有颜色，而不考虑当前的饱和度。

16.4 校正画面的色彩平衡效果

在 Photoshop 中，用户可以在"色彩平衡"对话框中，对照片的阴影及高光等部分进行相关调整，以此来解决风光照片中出现的色彩问题，通过调整色彩平衡还可以为照片添加特殊效果。下面介绍调整照片色彩平衡的操作方法。

STEP 01 ▶ 单击"文件"|"打开"命令，打开一幅素材图像，如图 16-10 所示。

图 16-10　打开一幅素材图像

STEP 02 ▶ 在菜单栏中，单击"图像"|"调整"|"曲线"命令，如图 16-11 所示。

STEP 03 ▶ 弹出"曲线"对话框，在曲线上单击鼠标左键，添加一个关键帧，设置"输入"为 128、"输出"为 163，如图 16-12 所示，单击"确定"按钮。

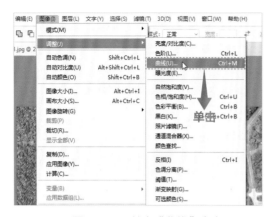

图 16-11　单击"曲线"命令

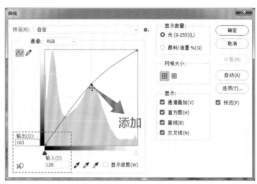

图 16-12　设置输入与输出参数值

STEP 04 执行操作后，即可通过"曲线"功能提亮画质，效果如图 16-13 所示。

图 16-13　通过"曲线"功能提亮画质

STEP 05 在菜单栏中，单击"图像"|"调整"|"色彩平衡"命令，如图 16-14 所示。

STEP 06 弹出"色彩平衡"对话框，设置"色阶"为 -86、0、49，如图 16-15 所示。

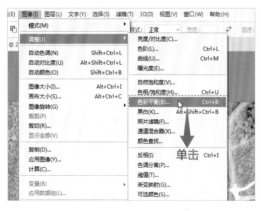

图 16-14　单击"色彩平衡"命令

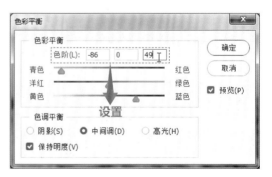

图 16-15　设置色阶参数值

专家提醒

在"色彩平衡"对话框中，各主要选项含义如下。

➤ 色彩平衡：分别显示了青色和红色、洋红和绿色、黄色和蓝色这 3 对互补的颜色，每一对颜色中间的滑块用于控制各主要色彩的增减。

➤ 色调平衡：分别选中该区域中的 3 个单选按钮，可以调整图像颜色的最暗处、中间度和最亮度。

➤ 保持明度：选中该复选框，图像像素的亮度值不变，只有颜色值发生变化。

STEP 07 ▶ 单击"确定"按钮，即可调整照片的色彩平衡，效果如图 16-16 所示。

图 16-16　调整照片的色彩平衡

16.5 用清晰度加强雪山冲击力

　　锐化工具主要用于锐化照片的部分像素，使得被编辑的照片更加清晰，对比度更加明显。在风光照片中，利用锐化工具能够使模糊的照片变得更加清晰。下面以高原雪山照片为例，讲解加强照片清晰度的操作方法。

STEP 01 ▶ 单击"文件"｜"打开"命令，打开一幅雪山素材图像，如图 16-17 所示。

图 16-17　打开一幅雪山素材图像

STEP 02 在工具箱中，选取锐化工具 △ ，在图像上单击鼠标左键并拖动，进行涂抹，即可锐化图像区域，使图片变得更加清晰，效果如图 16-18 所示。

图 16-18　调整照片的清晰度

16.6 调出一望无际的金黄沙漠

在我们的印象中，沙漠是金黄金黄的，一眼望去看不到尽头，令人震撼。但有时候天气不好，拍摄出来的沙漠就显得灰蒙蒙的，可以通过如下方法来调整。

STEP 01 单击"文件"Ⅰ"打开"命令，打开一幅沙漠素材图像，如图 16-19 所示。

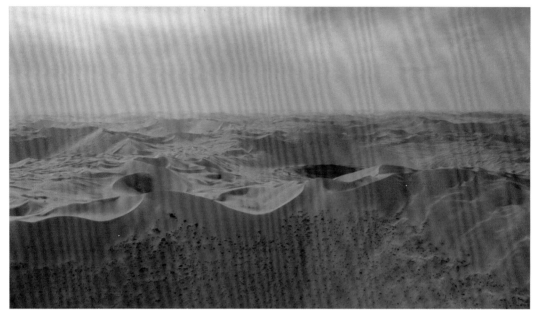

图 16-19　打开一幅沙漠素材图像

STEP 02 在菜单栏中，单击"图像"Ⅰ"调整"Ⅰ"色相 / 饱和度"命令，弹出"色相 / 饱和度"对话框，设置"预设"为"强饱和度"，如图 16-20 所示，单击"确定"按钮。

STEP 03 继续调出"色相 / 饱和度"对话框，设置"预设"为"黄色提升"，如图 16-21 所示，单击"确定"按钮。

图 16-20　设置"预设"为"强饱和度"

图 16-21　设置"预设"为"黄色提升"

专家提醒

"色相 / 饱和度"命令可以用于调整整幅图像或单个颜色分量的色相、饱和度和亮度值，还可以同步调整图像中所有的颜色。

STEP 04 单击"确定"按钮，即可调出一望无际的金黄沙漠，效果如图 16-22 所示。

图 16-22　调出一望无际的金黄沙漠

16.7 调出绚丽的城市夜景效果

由于夜晚光线的特殊性，无人机晚上航拍出来的夜景噪点会比较多，而且画质有些模糊，此时后期处理显得尤为重要。下面介绍调出绚丽城市夜景的方法。

STEP 01 单击"文件"|"打开"命令，打开一幅夜景素材图像，如图 16-23 所示。

图 16-23　打开一幅夜景素材图像

STEP 02 按【Ctrl + J】组合键，拷贝背景图层，得到"图层 1"图层，单击"滤镜" | "杂色" | "蒙尘与划痕"命令，如图 16-24 所示。

STEP 03 弹出"蒙尘与划痕"对话框，设置"半径"为 2，如图 16-25 所示，降低画面的噪点，使画面更加清晰，单击"确定"按钮。

图 16-24　单击"蒙尘与划痕"命令

图 16-25　设置"半径"为 2

STEP 04 单击"滤镜" | "Camera Raw 滤镜"命令，打开 Camera Raw 窗口，在右侧设置相应参数，调整夜景色调，如图 16-26 所示。

图 16-26　在右侧设置相应参数

STEP 05 单击"确定"按钮，即可调出绚丽的夜景效果，如图 16-27 所示。

图 16-27　调出绚丽的夜景效果

STEP 06 通过上述效果可以看出，天空的颜色饱和度过深，需要还原天空本身的颜色。此时，在"图层"面板中为"图层 1"新建一个蒙版图层，选取工具箱中的画笔工具，设置前景色为黑色，在天空的位置进行涂抹，还原天空色彩，降低饱和度，效果如图 16-28 所示。

图 16-28　还原天空本身的颜色

16.8 制作丛林不同色调的美景

在 Photoshop 中，我们可以更改照片中某一部分的颜色，使同一个画面中出现两种颜色，体现出不同色调的风光美景。下面介绍具体的调色方法。

STEP 01 单击"文件"|"打开"命令，打开一幅丛林素材图像，如图 16-29 所示。

图 16-29　打开一幅丛林素材图像

STEP 02 选取工具箱中的套索工具，拖动鼠标框选右半边的丛林，如图 16-30 所示。

图 16-30　拖动鼠标框选右半边的丛林

STEP 03 单击"图像"|"调整"|"色彩平衡"命令，弹出"色彩平衡"对话框，设置"青色"的色阶为 90，单击"确定"按钮，即可更改画面色调，效果如图 16-31 所示。

图 16-31　更改画面色调

16.9 使用 MIX 对照片进行换天处理

　　MIX App 的"魔法天空"滤镜组包括 M 201 ～ M 216 共 16 个滤镜效果，可以在画面中的天空部分合成各种特效，就像魔术师可以随意变换天气一样，瞬间打造出创意十足的天空奇观。如图 16-32 所示的照片，天空显得有些泛白。

图 16-32　在长沙市福元路大桥航拍的照片

下面介绍使用 MIX App 对照片进行换天处理的操作方法。

STEP 01 打开 MIX App，导入一张照片素材，进入"滤镜"界面，如图 16-33 所示。

STEP 02 从右向左滑动滤镜库，点击"魔法天空"滤镜，如图 16-34 所示。

图 16-33　进入"滤镜"界面

图 16-34　点击"魔法天空"滤镜

STEP 03 进入"魔法天空"滤镜组，点击 M 208 滤镜，如图 16-35 所示。

STEP 04 执行操作后，即可在上方预览应用 M 208 滤镜后的效果，如图 16-36 所示。

图 16-35　点击 M 208 滤镜

图 16-36　预览应用滤镜的效果

STEP 05 保存照片，应用"魔法天空"滤镜后的照片效果如图 16-37 所示，替换天空后，是不是觉得天空中的云彩更有立体感了？这就是 MIX 中"魔法天空"的魅力。

图 16-37 应用"魔法天空"滤镜后的照片效果

MIX 滤镜大师内置的原创创意滤镜，可以帮助我们一键编辑出媲美单反大片的视觉效果。MIX 滤镜大师 App 的"电影色"滤镜组中，包括 C 101 ~ C 111 共 11 个滤镜效果，可以模拟出不同类型的电影色调效果，使照片具有电影胶片般的质感，散发出电影唯美的气息，更吸引人，无须任何技术含量即可轻松实现。

16.10 使用 Snapseed 对照片进行调色

Snapseed App 是一款非常实用的照片后期处理调色工具，深受很多用户喜爱，其中的调色工具只要使用得恰到好处，就能调出令人震惊的照片效果。本节主要介绍使用 Snapseed 对照片进行调色的具体操作方法。

1. 运用基本工具调色

使用无人机航拍时，总会出现一些曝光不足的照片，这时就要使用后期调色来解决这些问题。一般来说，调色是后期处理的一个必需步骤，具体操作如下。

STEP 01 在 Snapseed 中打开一张照片，点击"工具"按钮，如图 16-38 所示。

STEP 02 打开工具菜单，选择"调整图片"工具 ，如图 16-39 所示。

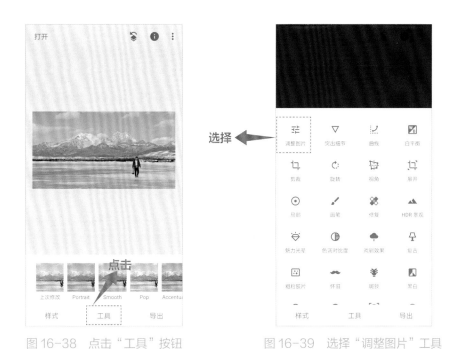

图 16-38 点击"工具"按钮　　　　图 16-39 选择"调整图片"工具

STEP 03 在图片中垂直滑动屏幕,弹出列表框,选择"亮度"选项,然后向右滑动屏幕,调整"亮度"为 50,如图 16-40 所示。

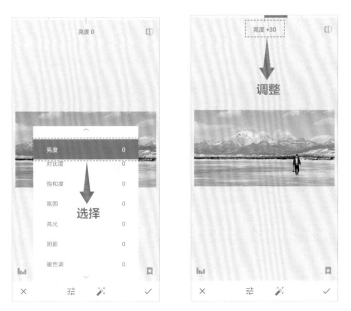

图 16-40 调整参数值

STEP 04 用与上述同样的方法,选择"对比度"选项,然后向右滑动屏幕;分别调整"对比度"为 +11、"饱和度"为 +100、"暖色调"为 -11,具体数值如图 16-41 所示。

STEP 05 点击右下角的"确认"按钮 ✓,确认操作,点击"导出"按钮,弹出列表框,选择"保存"选项,保存照片,预览照片的前后对比效果,如图 16-42 所示。

图 16-41　调整参数

图 16-42　预览照片的前后对比效果

2. 将彩色照片变成黑白效果

Snapseed 中的"黑白"滤镜的原理是传统摄影中的暗室技术，借助其调色风格和柔化效果，从而创建出忧郁的黑白色调效果，其中"中性"选项可以增添柔化效果，从而使照片变得更好看。下面介绍照片黑白转化的方法。

STEP 01 在 Snapseed 中打开一张照片，点击"工具"按钮，如图 16-43 所示。

STEP 02 打开工具菜单，选择"黑白"工具 ▲，如图 16-44 所示。

图 16-43 点击"工具"按钮　　　图 16-44 选择"黑白"工具

STEP 03 点击"类型"按钮 🖐，选择"中性"样式，如图 16-45 所示。

STEP 04 在左下方点击"颜色球"按钮 ◉，点击"黄"颜色球，如图 16-46 所示。

图 16-45 选择"中性"样式　　　图 16-46 点击"黄"颜色球

STEP 05 打开工具菜单，选择"突出细节"工具 ▽，如图 16-47 所示。

STEP 06 进入其调整界面，然后在图片中垂直滑动，选择"结构"选项，如图 16-48 所示。

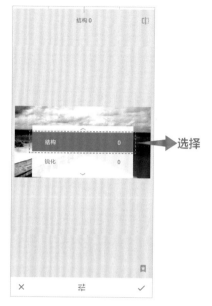

图 16-47 选择"突出细节"工具　　　　图 16-48 选择"结构"选项

STEP 07 水平滑动，即可调整参数，这里主要对该照片的"结构"和"锐化"参数进行调整，具体操作如图 16-49 所示。

图 16-49 对"结构"和"锐化"参数进行调整

STEP 08 导出并保存修改后，最终效果如图 16-50 所示。

图 16-50 处理后的最终效果

16.11 使用美图秀秀修饰画面并添加文字

美图秀秀 App 中的"消除笔"工具在修饰小部分图像时会经常用到，使用"消除笔"工具时不需要指定采样点，只需在照片中有杂色或污渍的地方点击进行涂抹，即可修复图像。还可以根据需要在照片中添加相应的文字，为照片点明主题，表达摄影者的思想。下面介绍修复画面污点并添加文字的操作方法。

STEP 01 在美图秀秀 App 中打开照片，点击底部的"消除笔"按钮，如图 16-51 所示。

STEP 02 在画面中需要去除的湖中小岛处进行涂抹，涂抹呈黄色，如图 16-52 所示。

图 16-51 点击"消除笔"按钮　　　图 16-52 在湖中小岛处进行涂抹

STEP 03 上述操作完成即可对画面进行修复操作，如图 16-53 所示，点击界面左下角的对钩 ✓ 按钮。

STEP 04 确认修复操作，返回上一界面，点击下方的"文字"按钮，如图 16-54 所示。

图 16-53　对画面进行修复操作

图 16-54　点击"文字"按钮

STEP 05 进入文字编辑界面，点击下方的"北京"文字样式，如图 16-55 所示。

STEP 06 此时界面中显示相应的文字模板，点击该文字模板，如图 16-56 所示。

图 16-55　点击"北京"文字样式

图 16-56　点击该文字模板

STEP 07 进入文字编辑界面，更改文字内容，如图 16-57 所示。

STEP 08 点击右侧的红色对钩按钮，确认文字的更改操作，返回上一界面，在预览窗口中可以预览更改文字内容后的效果，如图 16-58 所示。

图 16-57 更改文字内容　　　　　图 16-58 预览更改文字内容后的效果

STEP 09 将文字移至界面左上角位置，并对文字进行缩放操作，效果如图 16-59 所示。

图 16-59 制作的文字效果

专家提醒

一些摄影爱好者对修图 App 不太熟悉，建议买这本书，直接照着学，这本书中讲解了安卓和苹果手机最为热门的 30 款 App，从修图到调色，从滤镜到文字，都进行了详细讲解，特别适合将照片修好后发朋友圈，所以书名叫做《手机摄影不修片你也敢晒朋友圈》。

| 第 17 章 |

视频剪辑合成：
处理新西兰航拍的视频

我们在很多亿级流量的视频平台上，看到了很多优秀的航拍作品，如抖音平台、快手短视频平台、腾讯平台以及优酷平台等，在大疆社区也有很多用户发表了自己航拍的短视频，这些航拍的作品都是经过后期剪辑、修饰与合成之后，发布出来的，这样的作品画面才能更加吸引观众的眼球。本章主要以 VUE App 为例，讲解视频剪辑与合成的方法。

- 将需要编辑的视频导入 App
- 快速去除视频背景的原声
- 只截取视频中的某一个片段
- 制作出延时视频的快速播放效果
- 通过滤镜快速处理视频画面特效
- 调节视频画面的色彩与色调效果
- 为视频画面添加标题文字效果
- 为视频画面添加动人的背景音乐
- 将制作的成品视频进行渲染输出

17.1 将需要编辑的视频导入 App

我们在编辑视频素材之前，首先需要将视频导入 VUE App 工作界面中，下面介绍导入视频素材的操作方法。

STEP 01 打开 VUE App，进入 App 首页，点击下方中间的"相机"按钮，如图 17-1 所示。

STEP 02 弹出列表框，选择"导入"选项，如图 17-2 所示。

图 17-1 点击"相机"按钮　　　　图 17-2 选择"导入"选项

STEP 03 进入"照片与视频"素材库，选择 3 段在新西兰航拍的视频片段，如图 17-3 所示。

STEP 04 点击下方的"导入"按钮，即可将视频素材导入 VUE 界面中，如图 17-4 所示。

图 17-3 选择需要导入的视频　　　　图 17-4 导入视频至 VUE 页面中

17.2 快速去除视频背景的原声

我们在航拍视频时，视频中会有很多背景杂音，这些音乐并不符合我们对视频的编辑需求，此时需要去除视频的背景原声，以方便后期重新添加背景音乐文件。

STEP 01 点击导入的视频素材，下方出现"静音"按钮，如图 17-5 所示。

STEP 02 点击该按钮，此时该按钮呈红色显示，表示已设置为静音，如图 17-6 所示。

图 17-5　出现"静音"按钮　　　　图 17-6　该按钮呈红色显示

STEP 03 用与上述同样的方法，设置第二段与第三段视频为静音效果，如图 17-7 所示。

图 17-7　设置第二段与第三段视频为静音效果

只截取视频中的某一个片段

在同一段视频中，用户可以只要其中的几秒时长的视频，或者只截取某一小片段，然后将多段精彩的片段进行合成，制作出一段完整的视频。下面介绍截取视频片段的操作方法。

STEP 01 选择第一段视频文件，点击"截取"按钮，如图 17-8 所示。

STEP 02 进入视频截取界面，下方显示视频长度为 28.6 秒，如图 17-9 所示。

图 17-8　点击"截取"按钮　　　　图 17-9　显示视频长度

STEP 03 拖动视频片段两端的黄色标记，选择视频中间的 4 秒片段，如图 17-10 所示。

STEP 04 点击对钩按钮，即可看到视频的长度已变为 4 秒，如图 17-11 所示。

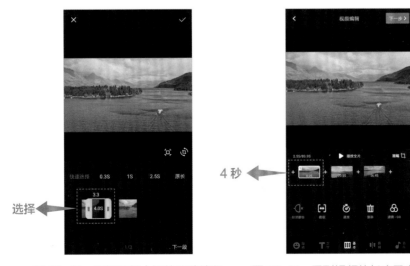

图 17-10　选择视频中间的几秒片段　　图 17-11　看到视频的长度已变为 4 秒

STEP 05 ▶ 用与上述同样的方法，截取第二段与第三段视频中的部分片段，如图 17-12 所示。

图 17-12 截取第二段与第三段视频中的部分片段

STEP 06 ▶ 点击对钩按钮，即可看到 3 段视频均已截取部分，缩略图下方显示了时间，如图 17-13 所示。

图 17-13 3 段视频均已截取部分

17.4 ▶ 制作出延时视频的快速播放效果

　　在抖音短视频平台或者朋友圈中，用户只能上传时长为 10 秒的小视频文件，微信朋友圈不支持上传时长超过 10 秒的小视频，此时用户需要调整视频的播放速度，以符合平台的上传要求。下面介绍在 VUE App 中调整视频播放倍速的操作方法。

STEP 01 ▶ 选择第三段时长为 6 秒的视频，点击"速度"按钮，如图 17-14 所示。

STEP 02 ▶ 进入"速度"界面，其中提供了 4 种速度，有快速度和慢速度，点击 4X 按钮，是指以 4 倍的速度快速播放视频，显示视频处理进度，如图 17-15 所示。

图 17-14　点击"速度"按钮　　　　图 17-15　显示视频处理进度

STEP 03 ▶ 待视频处理完成后，在预览窗口中可以预览 4X 的播放效果，如图 17-16 所示。

STEP 04 ▶ 确认无误后，返回上一界面，在其中可以看到视频时间从 6 秒变成了 1.5 秒，如图 17-17 所示，完成视频播放速度的调整。

图 17-16　预览 4X 的播放效果　　　　图 17-17　视频时间从 6 秒变成了 1.5 秒

17.5 通过滤镜快速处理视频画面特效

在 VUE 视频处理 App 中，为用户提供了多种风格的视频滤镜效果，通过视频滤镜可以掩饰视频素材的瑕疵，还可以令视频产生绚丽的视觉效果。下面介绍为视频添加滤镜的方法。

STEP 01 选择第一段视频，点击下方的"滤镜"按钮，如图 17-18 所示。

STEP 02 进入"滤镜"界面，选择 F1 滤镜效果，即可应用滤镜效果，如图 17-19 所示。

图 17-18 点击"滤镜"按钮　　图 17-19 应用滤镜效果

STEP 03 点击"应用到全部片段"按钮，点击"确定"按钮，如图 17-20 所示。

STEP 04 上述操作完成后即可将当前滤镜应用到所有的视频片段中，如图 17-21 所示为第三段视频的滤镜。

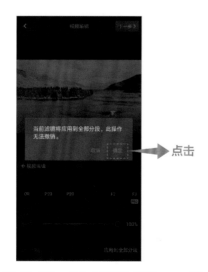

图 17-20 点击"确定"按钮　　图 17-21 将当前滤镜应用到全部视频片段

17.6 调节视频画面的色彩与色调效果

无人机录制的视频画面色彩大多过于暗淡，此时用户可以通过后期处理 App 调节视频画面的色彩与色调，使视频画面更加符合用户的要求。下面介绍调节视频色彩与色调的方法。

STEP 01 选择第二段视频，点击下方的"画面调节"按钮，如图 17-22 所示。

STEP 02 进入"画面调节"界面，在界面下方可以调节视频的亮度☀、对比度◑、饱和度▨、色温✎、暗角◉以及锐度△等参数，如图 17-23 所示。

图 17-22　点击"画面调节"按钮　　　图 17-23　调节各色调参数

STEP 03 用手指滑动控制条，可以调整参数值的大小，被调整过后的参数呈红色显示，如图 17-24 所示，点击"应用到全部分段"按钮。

STEP 04 弹出提示信息框，点击"确定"按钮，如图 17-25 所示，将效果应用于所有视频。

图 17-24　调整视频参数值　　　图 17-25　将效果应用到全部分段

17.7 为视频画面添加标题文字效果

文字在视频中可以起到画龙点睛的作用，可以很好地传达视频的思想，以及作者想表达的信息。下面介绍在视频中添加文字效果的操作方法。

STEP 01 点击"文字"按钮，进入编辑器，点击"标题"按钮，如图 17-26 所示。

STEP 02 进入"标题"界面，点击第一个标题样式，如图 17-27 所示。

图 17-26　点击"标题"按钮　　　　图 17-27　点击第一个标题样式

STEP 03 进入相应界面，输入文字内容，点击右上角的对钩按钮，如图 17-28 所示。

STEP 04 返回文字编辑界面，调整文字至合适位置，效果如图 17-29 所示。

图 17-28　输入文字内容并点击对钩按钮　　图 17-29　调整文字至合适位置

17.8 为视频画面添加动人的背景音乐

||||||||||||||||||||||||||||||||||||||||||||||||||||||||||||||||||||||||||||||||||||||||||||||||

音频是一部影片的灵魂，在后期制作中，音频的处理非常重要，如果声音运用得恰到好处，则往往给观众带来耳目一新的感觉。下面介绍为视频添加背景音乐的操作方法。

STEP 01 ▶ 点击"音乐"按钮，进入"音乐"编辑器，点击"点击添加音乐"按钮，如图 17-30 所示。

STEP 02 ▶ 进入"添加音乐"界面，点击"中文流行"文件夹，如图 17-31 所示。

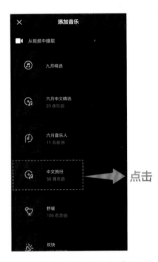

图 17-30　点击添加音乐　　　　图 17-31　点击"中文流行"文件夹

STEP 03 ▶ 进入文件夹，选择"为你写诗"歌曲，点击"使用"按钮，如图 17-32 所示。

STEP 04 ▶ 上述操作完成后即可将"为你写诗"歌曲添加至音乐轨道中，如图 17-33 所示。点击右下角的"完成"按钮，即可完成音乐文件的添加操作。

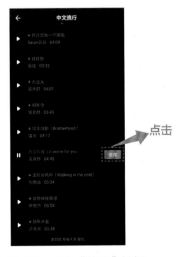
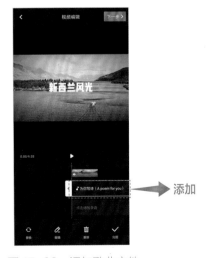

图 17-32　点击"使用"按钮　　　　图 17-33　添加歌曲文件

273

17.9 将制作的成品视频进行渲染输出

经过一系列的编辑与处理后，接下来可以输出成品视频，对输出的视频可以进行保存，也可以将其发布到其他平台中，与网友一起分享制作的成果。下面介绍输出视频文件的方法。

STEP 01 ▶ 在"视频编辑"界面中，点击右上角的"下一步"按钮，如图 17-34 所示。

STEP 02 ▶ 进入输出界面，输入相关信息，点击"保存并发布"按钮，如图 17-35 所示。

图 17-34　点击"下一步"按钮　　　图 17-35　点击"保存并发布"按钮

STEP 03 ▶ 进入视频输出界面，显示视频输出进度，如图 17-36 所示。

STEP 04 ▶ 待视频输出完成后，弹出"分享"面板，提示用户可以将作品分享到微信、朋友圈、微博以及 QQ 等社交平台，如图 17-37 所示。

图 17-36　显示视频输出进度　　　图 17-37　将作品分享到其他平台

STEP 05 点击发布的视频，即可开始播放视频，并预览视频效果，如图 17-38 所示。

图 17-38 预览视频效果

| 第 18 章 |

荣获金奖作品
《前行》航拍与后期分享

《前行》是 2018 年第二届海峡两岸暨港澳无人机航拍
创作大赛的金奖作品，本届航拍大赛以"40 年辉煌足迹"为
主题，经过作品征集、网络投票、限时创作、评委评审等环节，
有幸能与全国各地包括港台澳地区的无人机团队交流沟通，
互相学习，最终我们来自四川眉山的孚鱼文化团队夺得金奖。
本章与大家分享该作品的前期拍摄与后期处理技巧。

- 航拍创作大赛的参赛经历
- 这部航拍作品用了哪些器材
- 这部作品用了哪些航拍手法
- 视频画面多种后期调色技巧
- 视频与音乐的剪辑合成技巧
- 制作视频画面的字幕效果
- 将成品视频进行渲染输出

18.1 航拍创作大赛的参赛经历

2018 年年末，深圳的飞友远飞同学告知我深圳会有第二届海峡两岸无人机创作大赛，可以尝试一下。于是我们投了初稿，入选了，然后组队前往深圳，自带了 50% 的素材，深圳取景 50%。经过团队两天的拍摄，一天的后期处理，最终我们获得了团队金奖这一最大奖项，这对我们未来的创作是一种莫大的鼓励。

2018 年 12 月 21 日，2018 第二届海峡两岸暨港澳无人机航拍创作大赛颁奖仪式在深圳大鹏新区举行，我们团队获奖照片如图 18-1 所示。

图 18-1　笔者团队获奖照片

18.2 这部航拍作品用了哪些器材

这部《前行》作品主要用到的航拍器材是大疆的悟 2 和御 2，对于航拍器材的选择和使用，我一般会选择大疆的产品，其不仅质量可靠，画质也高，功能更全面。关于摄影，除了设备和技术方面，思路和对美的定位更重要。

很多赏心悦目的作品背后，都隐藏着许多不为人知的艰辛历程。比如这部作品中，有一些素材是在川西高原航拍的，我们的拍摄地在海拔 4500 米以上，环境非常恶劣，拍摄条件艰苦，严寒、缺氧、大风都会给拍摄增加难度。有时候我出去 5 天，会拍摄 4 个通宵，从日落前一直到第二天日出之后，白天睡不了几个小时，还得赶路开车。我在高原上"炸机"过几次，幸运的是每次我都把飞机找回来了。印象最深刻的一次是在冷嘎措，在海拔4500 米的高原，我徒步爬悬崖把无人机给找了回来。如图 18-2 所示为《前行》作品中的冷嘎措。

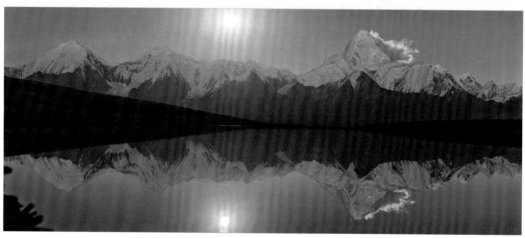

图 18-2　《前行》作品中的冷嘎措

18.3　这部作品用了哪些航拍手法

关于这部作品的航拍手法，在前面的章节中已经介绍过，这里再强调一下：简单一点的手法如直线飞行、后退飞行、环绕飞行、拉升飞行等，复杂一点的包括向前＋转身＋后退、后退＋拉高、横移＋转身、俯视＋旋转＋拉升，还包括一系列的延时摄影等。《前行》作品部分画面拍法与欣赏如图 18-3 所示，欢迎大家百度搜索作品，多观察、多交流。

拍摄完成后第一件事情是导出和整理素材，把素材格式、器材、拍摄类型、日期等都标注好，方便后期随时取用。接下来是对素材进行剪辑、调色、添加字幕、导出等操作。本章以《前行》视频中的部分素材为例，讲解后期的操作流程与技巧，希望读者可以举一反三，制作出更多精彩的航拍视频作品。

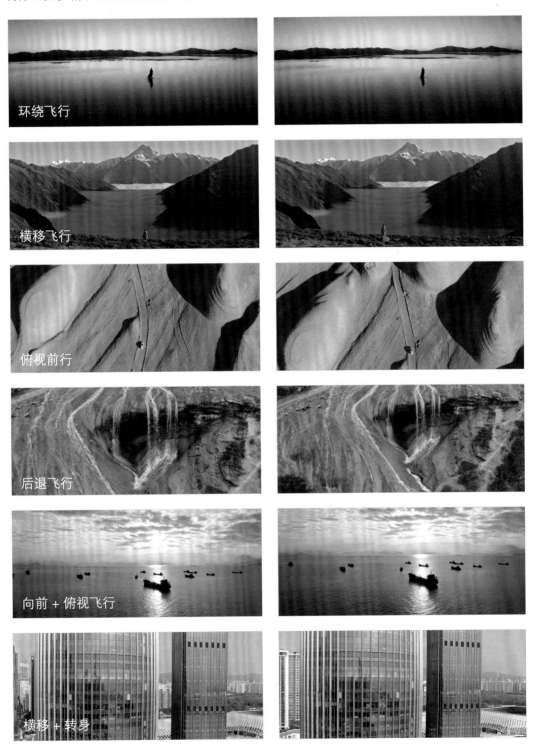

图 18-3 　《前行》作品部分画面拍法与欣赏

18.4 视频画面多种后期调色技巧

进行后期调色的时候，我主要使用达芬奇调色软件。我们在众多电影 / 广告 / 纪录片 / 电视剧和音乐电视制作中，都能看到达芬奇调色的身影，并且它的作品是其他调色系统所无法比拟的。接下来具体介绍达芬奇调色操作。

STEP 01 首先新建项目文件。启动达芬奇调色软件，弹出相应窗口，单击下方的"新建项目"按钮，如图 18-4 所示。

STEP 02 弹出"新建项目"对话框，在其中可以设置项目名称，单击"创建"按钮，如图 18-5 所示，即可新建一个空白的项目文件。

图 18-4 单击"新建项目"按钮

图 18-5 单击"创建"按钮

STEP 03 现在媒体池里面是空白的，首先需要导入素材，在计算机中打开素材文件夹，选择需要导入的视频素材，如图 18-6 所示。

STEP 04 单击鼠标左键并将这些素材全部拖动至达芬奇的媒体池中，弹出提示信息框，提示用户片段的帧率与当前项目设置的帧率不同，单击"不更改"按钮，即可导入视频素材，如图 18-7 所示。

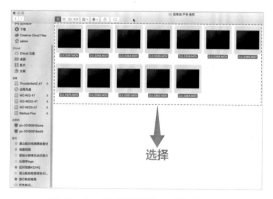

图 18-6 选择需要导入的视频素材

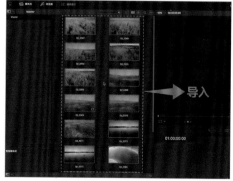

图 18-7 导入视频素材

STEP 05 在导入的素材上单击鼠标右键，在弹出的快捷菜单中选择"使用所选片段新建时间线"选项，如图 18-8 所示。

STEP 06 弹出"新建时间线"对话框，单击"创建"按钮，如图 18-9 所示。

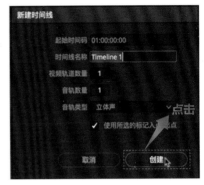

图 18-8 选择"使用所选片段新建时间线"选项　　　图 18-9 单击"创建"按钮

STEP 07 执行操作后，即可将所导入的视频素材全部添加到视频轨中，如图 18-10 所示。

图 18-10 将视频素材添加到视频轨中

STEP 08 单击下方的"调色"按钮，进入"调色"界面，如图 18-11 所示。

图 18-11 进入"调色"界面

STEP 09 首先对素材进行基本的调色，我们所录的格式都是 MOV 格式，在需要调色的缩略图上，单击鼠标右键，在弹出的快捷菜单中选择相应的调色选项，如图 18-12 所示。

图 18-12　选择相应的调色选项

STEP 10 这一步操作可以对素材画面的基本色调进行还原，调整后的视频素材前后对比效果如图 18-13 所示。

图 18-13　对素材画面进行色调还原操作

STEP 11 还可以通过"色轮"面板来手动调整颜色参数值，选择需要调整的视频素材后，在"色轮"面板的下方可以调整素材的对比度、轴心、饱和度、色相等，使视频画面的颜色更加符合要求，如图 18-14 所示。

图 18-14 通过"色轮"面板来手动调整颜色参数值

STEP 12 调整之后的视频画面对比效果如图 18-15 所示，用同样的方法可以调整其他素材的颜色属性。

图 18-15 调整之后的视频画面对比效果

STEP 13 在"色轮"面板中，比较常用的是第一个色轮（Lift），主要用来调整视频画面的暗部细节，比如上述那段视频，如果我们想让画面中的草更黄一点，就可以将色轮中心的圆点向黄色色轮的位置稍微拖一点，这样画面的颜色就会偏黄，如图 18-16 所示。

图 18-16 调整画面的色调

STEP 14 在"色轮"面板中，第三个色轮（Gain）主要用于对画面中的高光部分的色调进行调整，如果我们想让画面中的天空更蓝一点，就可以调整第三个色轮的中心点，往蓝色的色轮方向进行调整，如图 18-17 所示。

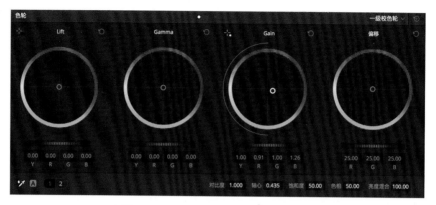

图 18-17　调整第三个色轮的中心点

STEP 15 调整之后的天空更蓝了，对比效果如图 18-18 所示，如果我们希望画面中的草更黄一点，就可以调整第一个色轮至偏黄的位置。

图 18-18　调整之后的天空更蓝了

STEP 16 通过"曲线"功能调整画面色调的方法如下。以 18-18 的左图为例，将鼠标指针移至天空位置，鼠标指针呈吸管形状，在"曲线"面板中会出现相应关键帧，手动向上拖动关键帧的位置，如图 18-19 所示，可以将天空的色彩调得更蓝一点。

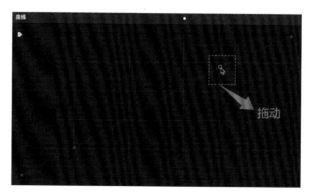

图 18-19　通过"曲线"功能调整画面色调的方法

STEP 17 在"曲线"面板右侧，单击第三个圆点，切换至"色相 VS 饱和度"界面，如果我们想调整天空的颜色，就可以将鼠标指针移至天空位置，吸取颜色，此时在"色相 vs 饱和度"界面的蓝色色块区域，会显示相应关键帧，向上拖动关键帧可以使天空更蓝一点，如图 18-20 所示，如果向下拖动关键帧，则会降低天空的饱和度效果。

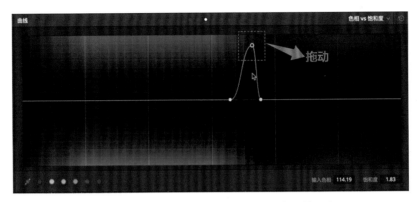

图 18-20　向上拖动关键帧可以使天空更蓝一点

STEP 18 如果我们想调整草地的颜色，就可以在黄色草地位置单击鼠标左键，吸取颜色，此时在"色相 VS 饱和度"界面的黄色色块区域，会显示相应关键帧，向上拖动关键帧可以使草地的颜色更黄一点，如图 18-21 所示，如果向下拖动关键帧，则会降低草地的饱和度效果。

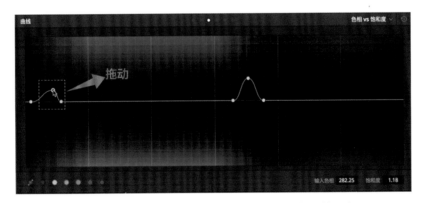

图 18-21　向上拖动关键帧可以使草地的颜色更黄一点

STEP 19 调整之后的画面前后对比效果如图 18-22 所示。

图 18-22　调整之后的画面对比效果

STEP 20 如果要将该画面的色调同时应用到其他素材上，那么应该如何操作？选择已经调好的成品素材，单击鼠标右键，在弹出的快捷菜单中选择"抓取静帧"选项，如图 18-23 所示。

STEP 21 此时，这段视频的调色参数就会显示在左上角的窗格中，如图 18-24 所示。

图 18-23　选择"抓取静帧"选项　　　　图 18-24　显示抓取静帧的图像

STEP 22 通过前面 **STEP 09** 的操作方法，对需要调整的素材画面进行基本色调的还原处理，然后选择需要调整的素材缩略图，如图 18-25 所示。

STEP 23 在抓取的静帧图像上单击鼠标右键，在弹出的快捷菜单中选择"应用调色"选项，如图 18-26 所示。

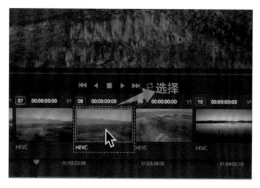

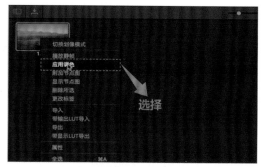

图 18-25　选择需要调整的素材缩略图　　　图 18-26　选择"应用调色"选项

STEP 24 执行操作后，即可将静帧的色调应用到其他选择的素材上，效果如图 18-27 所示，用与上述相同的方法，将其他素材画面调成一样的色调。

图 18-27　将静帧的色调应用到其他选择的素材上

STEP 25 所有素材处理完成后，单击界面下方的"交付"按钮，进入"交付"界面，接下来可以导出视频素材。在"渲染"右侧，若选中"单个片段"单选按钮，则将所有素材导出为一个拼接完成的视频；若选中"多个单独片段"按钮，则会导出多个单独的片段，就不会合成了。这里选中"多个单独片段"单选按钮，然后在界面左上角的"格式"列表框中，可以设置视频的导出格式，如图 18-28 所示。

STEP 26 在"分辨率"列表框中，可以设置视频的分辨率尺寸，如图 18-29 所示。

图 18-28 设置视频的导出格式

图 18-29 设置视频的分辨率尺寸

STEP 27 单击"音频"标签，切换至"音频"选项卡，在其中可以设置音频的相关属性，如图 18-30 所示。

STEP 28 单击"文件"标签，切换至"文件"选项卡，在其中可以设置文件名、文件后缀、子文件夹等属性，如图 18-31 所示。

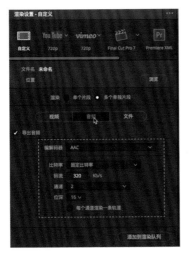

图 18-30 设置音频相关属性

图 18-31 设置文件相关属性

STEP 29 设置完成后，单击下方的"添加到渲染队列"按钮，弹出"文件目标"对话框，设置视频文件的导出位置，这里选择"调色视频"文件夹，单击 OK 按钮，如图 18-32 所示。

STEP 30 此时，在界面右侧的"渲染队列"中，显示了"作业 1"的渲染信息，正在渲染视频，如图 18-33 所示，待视频渲染完成后即可。

图 18-32　设置视频文件的导出位置

图 18-33　正在渲染视频

18.5 视频与音乐的剪辑合成技巧

下面讲解视频后期的剪辑技巧，主要用到的软件就是 Final Cut Pro。在下面案例的操作中，主要以某个素材片段为例，讲解视频的剪辑与音乐的合成技巧，大家主要学习这种剪辑技巧与方法，然后进行举一反三的操作。

STEP 01 首先需要新建一个项目。打开 Final Cut Pro 工作界面，在菜单栏中单击"文件"|"新建"|"事件"命令，如图 18-34 所示。

STEP 02 弹出"事件"窗口，在其中设置事件名称以及视频的尺寸格式，如图 18-35 所示，一般 1080p HD 能满足用户的基本需求，如果需要制作 4K 的视频尺寸，则可以选择"4K"选项，设置完成后，单击"好"按钮。

图 18-34　单击"文件"|"新建"|"事件"命令

图 18-35　设置事件名称信息

STEP 03 这样我们就完成了《前行》项目的创建，如图 18-36 所示。

STEP 04 接下来导入媒体素材。在右侧空白位置上单击鼠标右键，在弹出的快捷菜单中选择"导入媒体"选项，如图 18-37 所示，在打开的窗口中选择相应的素材文件导入即可。

图 18-36　完成项目的创建

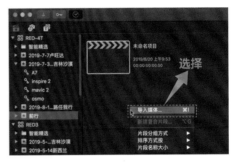
图 18-37　选择"导入媒体"选项

STEP 05 还有一种导入媒体素材的方法，直接打开计算机中素材所在的文件夹，选择需要导入的素材，然后直接拖动至 Final Cut Pro 工作界面即可，导入的视频素材如图 18-38 所示。

STEP 06 用与上述同样的方法，导入视频的背景音乐以及提前录制好的语音旁白文件，如图 18-39 所示。

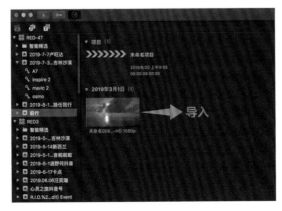
图 18-38　导入的视频素材

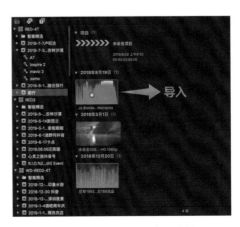
图 18-39　导入音乐文件

STEP 07 将导入的背景音乐与语音旁白文件依次拖动至轨道中，上方是背景音乐，下方是语音旁白，并调整语音旁白的起始位置，如图 18-40 所示。

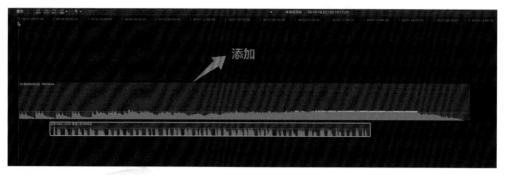

图 18-40 将音乐素材依次拖动至轨道中

STEP 08 接下来可以对音乐素材与语音旁白素材进行剪辑操作，单击上方的"选择"按钮 ，在弹出的列表框中，有选择、修剪、位置、范围选择、切割、缩放等工具，选择相应的工具可以对素材进行相应的剪辑操作，这里选择"切割"选项，如图 18-41 所示。

STEP 09 执行操作后，即可选取"切割"工具，将鼠标指针移至语音旁白需要切割的位置，单击鼠标左键，即可切割素材，再次单击上方的"选择"按钮 ，在弹出的列表框中选择"选择"工具 ，对切割后的旁白文件进行移动操作，如图 18-42 所示。对切割后的素材可以进行单独的编辑操作，还可以对切割后的片段进行删除操作，按【Delete】键删除即可。

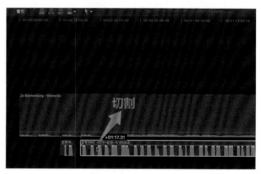

图 18-41 选择"切割"选项　　　　　　图 18-42 切割并移动旁白文件

STEP 10 如果需要剪辑视频片段，则可以在素材库中选择需要剪辑的视频素材，将鼠标指针移至缩略图的开始位置，单击鼠标左键并向右拖动，可以剪辑素材的开头。将鼠标指针移至缩略图的结束位置，单击鼠标左键并向左拖动，可以剪辑素材的结尾，这样就提取了视频中需要的中间部分，如图 18-43 所示。

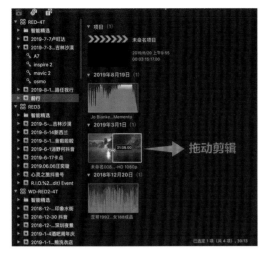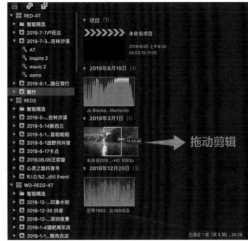

图 18-43　提取了视频中需要的中间部分

STEP 11 将鼠标指针移至视频中已提取的部分内容上，单击鼠标左键并拖动至轨道中的开始位置，即可将剪辑完成的视频片段添加至轨道中，如图 18-44 所示。

STEP 12 在监视器中可以预览视频的画面效果，如图 18-45 所示。用与上述同样的剪辑方法，可以剪辑其他的视频与音乐素材，将视频依次添加至轨道中，即可对视频画面进行片段合成。

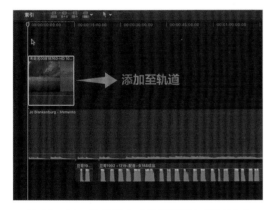

图 18-44　将剪辑完成的视频添加至轨道中　　　　图 18-45　预览视频的画面效果

18.6 制作视频画面的字幕效果

当我们在轨道中制作好视频画面，并添加好音乐后，接下来就可以根据语音旁白添加标题字幕，使观众能够看到屏幕中的字幕解说。下面介绍制作视频画面字幕效果的操作方法，希望读者学会之后，可以举一反三，制作出更多文字字幕效果。

STEP 01 在 Final Cut Pro 工作界面左上角，单击"字幕"图标，打开"字幕"素材库，在其中选择"基本字幕"文件素材，如图 18-46 所示。

STEP 02 将"基本字幕"素材拖动至轨道中的开始位置，如图 18-47 所示。

图 18-46　选择"基本字幕"文件素材　　　　图 18-47　拖动至轨道中的开始位置

STEP 03 拖动字幕右侧的黄色标记，调整字幕的持续时间，与下面的素材等长对齐，如图 18-48 所示。

图 18-48　调整字幕的持续时间

STEP 04 双击轨道中的"基本字幕"文件，在监视器中将字幕调整到界面最下方位置，如图 18-49 所示。

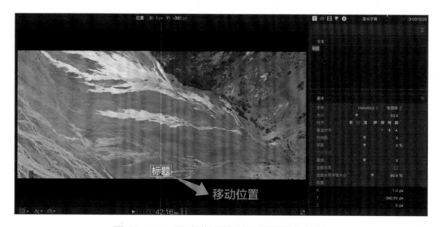

图 18-49　将字幕调整到界面最下方位置

STEP 05 在字幕内容上双击鼠标左键，根据语音旁白的配音稿内容，更改字幕对应的内容，在右侧"基本"面板中，设置字幕的字体格式，如字体、大小等，效果如图 18-50 所示。

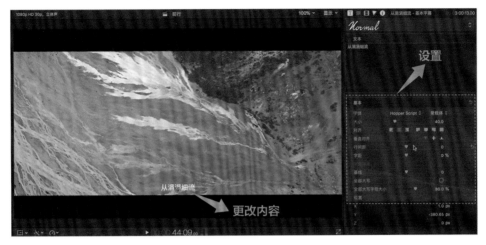

图 18-50 设置字幕的字体格式

STEP 06 18.5 节介绍了音乐文件的切割方法，我们可以用同样的方法来切割字幕文件，在轨道中选择字幕文件，单击上方的"选择"按钮，在弹出的列表框中，选择"切割"工具，如图 18-51 所示。

STEP 07 将鼠标指针移至字幕文件需要切割的位置，单击鼠标左键，即可切割字幕素材，运用选择工具对切割的字幕进行移动操作，如图 18-52 所示。

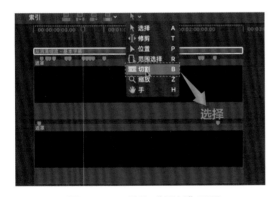

图 18-51 选取"切割"工具

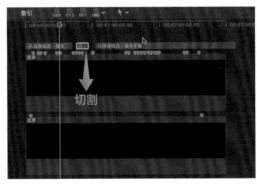

图 18-52 移动切割的字幕

STEP 08 对于切割后的字幕，我们还可以根据语音旁白的配音稿，来修改相应位置的文字内容，操作方法都是一样的，大家可以进行举一反三的操作。《前行》视频最终制作完成的字幕效果如图 18-53 所示。

图 18-53　《前行》视频最终制作完成的字幕效果

18.7 将成品视频进行渲染输出

所有的视频内容编辑与处理完成后，就可以对视频画面进行渲染输出了。下面介绍具体的输出方法。

STEP 01 打开 Final Cut Pro 工作界面，在菜单栏中单击"文件"|"共享"|"导出文件"命令，如图 18-54 所示。

STEP 02 弹出"导出文件"对话框，单击"下一步"按钮，如图 18-55 所示。

图 18-54　单击"文件"|"共享"|"导出文件"命令　　图 18-55　单击"下一步"按钮

STEP 03 弹出相应窗口，在其中设置存储的文件名与保存位置，单击"存储"按钮，如图 18-56 所示。

STEP 04 执行操作后，开始渲染并输出视频文件，并显示渲染进度，如图 18-57 所示，待视频文件输出完成后即可。

图 18-56　单击"存储"按钮

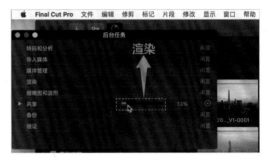
图 18-57　显示渲染进度